W0182004

Bäume und Sträucher

Dem Wachstum von Bäumen und Sträuchern sind im Gebirge Grenzen gesetzt. Bis in 1000 Meter Höhe gedeihen noch Laubwälder, diese werden weiter oben von unempfindlicheren Nadelbäumen abgelöst, ab etwa 1500 Meter Höhe kommen schließlich nur noch Krüppelformen und Zwergsträucher wie Alpenrose und Alpenazalee vor. Gemeinsam ist allen, dass zumindest Teile der Pflanze verholzt sind. Die natürliche Waldgrenze ist dort erreicht, wo es den Bäumen zu kalt, zu trocken und zu windig ist. Sie liegt in den Alpen, je nach Standort, zwischen 1000 bis 2000 Meter.

Blumen

Wo nicht einmal mehr Zwergsträucher wachsen können, beginnt der Lebensraum der eigentlichen Alpenpflanzen mit ihrer anmutigen Vielfalt und Farbenpracht. Besonders in der alpinen Zone zwischen etwa 2000 und 2500 Meter Höhe wachsen das viel besungene Edelweiß, der azurblaue Enzian und die dekorativen Hauswurz-Arten. Je höher, desto mehr dominieren Pflanzenpolster: Geduckt hinter Fels und Steinen trotzen Gletscher-Hahnenfuß, Immergrünes Felsenblümchen und Alpen-Mannsschild den austrocknenden Winden.

Flechten

Farbenfrohe Muster auf Felsen in schwindelerregenden Höhen, zottelige Bärte, die in nebligen Wäldern an Ästen hängen oder herrlich weiche Polster in Wäldern: Flechten treten überall da in unglaublicher Formenfülle in Erscheinung, wo normale Pflanzen an die Grenzen ihres Wachstums geraten. Viele Arten gelten als untrügliche Bioindikatoren für saubere Luft. Den Extremisten unter ihnen begegnen wir in Höhen weit über 4000 Metern: Hier halten Landkartenflechten als Überzüge auf Silikatgestein schneidenden Winden und eisigen Temperaturen stand.

Mineralien und Gesteine

Granit, Quarz und Kistalle. Auf den Seiten 96/97 finden Sie Tafeln mit den häufigsten Mineralien und Gesteinen der Alpen.

Frank und Katrin Hecker

Tiere und Pflanzen der Alpen

KOSMOS

Höhenstufen und Vegetationszonen

Schneestufe

Moose, Flechten

in Polstern
wachsende
Blütenpflanzen

ab 2500 m ------------------

alpine Stufe

Zwergsträucher

2000 m ------------------

subalpine Stufe

Bäume/Sträucher
mit krummem Wuchs

Baumgrenze

1500 m ------------------

Bergstufe

Nadelwald

bis 1000 m ------------------

Inhalt

Einführung

Das Leben in den Alpen ist Abenteuer pur: Extreme Temperaturschwankungen, intensive Sonneneinstrahlung, heftige Winde und oft wolkenbruchartige Niederschläge gehören hier zum täglichen Leben. Dazu kommt ein schroffes Gelände, das selten von viel Erde bedeckt ist, dafür aber monatelang von Schnee. Wie ein Streich der Natur kommen aber gerade hier, im kargen Fels, prächtig blühende Blumen und eine fantastische Tierwelt vor.

Karger Fels und raues Wetter: Hochgebirge sind Lebensräume für Spezialisten.

Die extremen Bedingungen sind es, die in den Alpen so faszinierende Lebensgemeinschaften hervorgebracht und geholfen haben, sie auch zu erhalten. Nur Spezialisten schaffen es, das Abenteuer Leben in den Alpen zu meistern. So finden wir viele Pflanzen und Tiere tatsächlich nur in Hochgebirgen wie den wunderschönen Alpen.

Stufe für Stufe neue Pflanzen

Ein Spaziergang auf einen Berg macht es deutlich: Mit zunehmender Höhe verändert sich jedes Mal stufenweise der Bewuchs. Bis zu einer Höhe von etwa 1 000 Metern durchwandern wir noch Laubwälder, die nach und nach von Nadelwäldern abgelöst werden. Bis zu einer Höhe von etwa 1 500 Metern reichen diese den Berg hinauf **(montane Stufe)**. Zwischen etwa 1 500 und 2 000 Meter erstreckt sich der so genannte Krummholzgürtel aus Krüppelgehölzen und Matten **(subalpine Stufe)**. Ab etwa 2000 m wachsen nur noch Zwergsträucher; Schutt und Fels prägen das Landschaftsbild **(alpine Stufe)**. Nur noch Extremisten leben in Höhen ab 2 500 bis 4 000 Meter **(Schneestufe)**; Polsterpflanzen drücken sich dicht zwischen die Felsen und in einer Höhe um 3 000 Meter schließlich beginnt der ewige Schnee; hier gedeihen fast nur noch Moose und Flechten. Die Ursachen für diese überall zu beobachtende Zonierung liegen auf der Hand: Je höher, desto niedriger die mittlere Jahrestemperatur und umso kürzer die Vegetationszeit. Die Zonen verschieben sich, je nachdem ob wir einen Nord- oder einen Südhang hinaufwandern.

Höhenrekorde

... bei Alpenblumen

Je höher eine Pflanze hinauswill, desto raffinierter ist sie angepasst. So halten normal gewachsene Bäume den starken Winden und winterlichen Schneelasten in 1 500 Meter Höhe nicht mehr stand. Mit ihren kriechenden Ästen kommen Berg-Kiefer und Grün-Erle hier hingegen voll zum Zuge. Aber ab 2 000 Meter Höhe wird es auch ihnen zu unwirtlich – sie werden von den besser angepassten Zwergsträuchern, wie Alpenrosen, mit kleinen, ledrigen Blättern abgelöst. Den Höhenrekord unter den Alpenblumen bilden Polsterpflanzen wie Alpen-Leinkraut und Gletscher-Hahnenfuß. Sie ducken sich noch in Höhen um 3 000 Meter dicht an den Boden oder zwischen Felsritzen und schützen sich durch ihre Behaarung vor dem austrocknenden Wind. Den Abschluss bilden die Überlebenskünstler Flechten; sie trotzen sogar noch Schnee und Eis.

Symbol der Alpen: Das Edelweiß ist unscheinbarer als mancher denkt.

... und Alpentieren

Beim Spaziergang bergauf verändert sich nicht nur die Landschaft mit den darin wachsenden Bäumen, Gräsern und Blumen – natürlich kommen in den verschiedenen Höhenstufen auch andere Tiere vor. Sind es in den Laubwäldern der submontanen Stufe noch uns bekanntere Arten wie Wildschwein, Rothirsch, Dachs und Eichhörnchen, so werden sie mit zunehmender Höhe von Extremisten wie Steinbock, Gämse, Murmeltier und Schneehase abgelöst.
Besonders gut mitverfolgen lässt sich der Aufstieg anhand der sich verändernden Vogelwelt: Dominieren in den Laubwäldern noch Amsel, Rotkehlchen und Buntspecht, begegnen wir in den montanen Nadelwäldern eher Ringdrossel, Haubenmeise, Dreizehenspecht und dem Tannenhäher. Mit Überschreiten der Baumgrenze werden sie von Arten wie Bergpieper, Zitronengirlitz, Alpendohlen und Alpenschneehuhn abgelöst. Im alpinen Bereich ab 2 000 Meter Höhe dominieren dann typische Hochgebirgsarten wie Alpenbraunelle, Felsenschwalbe und Schneesperling und imposante Greifvögel wie Steinadler und heute auch wieder der Bartgeier.

Wieder in den Alpen zu Hause: Der Steinbock lebt oberhalb der Baumgrenze.

Eigentlich nicht in ihrem idealen Lebensraum haben es doch auch hier einige Reptilien- und Amphibienarten geschafft, sich dem Alpenklima zu stellen: Bergeidechse, Gelbbauchunke, Bergmolch und der Alpensalamander zählen zu den Alpen-Spezialisten. Als Juwelen unter den Insekten haben sich der prächtige Alpenbock, Widderchen und der Apollo-Falter den Alpenraum erobert.

Tiere

1 Wildschwein

> Allesfresser
> beliebtes Jagdwild
> gestreifte Frischlinge

Sus scrofa

Merkmale Kräftige Schweine mit dicht borstigem, dunkelbraunem Fell. Männchen (Keiler) bis zu 1,8 m lang und 350 kg schwer mit hervorstehenden Eckzähnen (Hauer) im Unterkiefer. **Vorkommen** In Misch- und Nadelwäldern bis zur Baumgrenze, im Winter werden Buchenwälder in Tallagen bevorzugt. **Lebensweise** Nah verwandte Weibchen (Bachen, 1a) bilden mit ihren Jungen (Frischlinge, 1b) Familienverbände von bis zu 50 Tieren. Die Keiler sind außerhalb der Paarungszeit Einzelgänger. **Wissenswertes** Bachen verteidigen ihre Frischlinge aggressiv, auch gegenüber Menschen.

2 Rothirsch

> König unserer Wälder
> herbstliches Brunftgeschrei
> mächtiges Stangengeweih

Cervus elaphus

Merkmale Größter Hirsch (bis zu 350 kg). Im Sommer rotbraun, im Winter graubraun. Männchen mit großem Stangengeweih, Weibchen geweihlos. **Vorkommen** In großen Wäldern bis zur Baumgrenze. **Lebensweise** In Rudeln, Hirschkühe mit Jungen getrennt von den Hirschen, treffen nur zur Fortpflanzungszeit (Brunft) Ende September bis Mitte Oktober zusammen. Frisst Kräuter, Blätter und Baumfrüchte, schält Rinde von Bäumen. **Wissenswertes** Im Spätwinter verlieren die Hirsche ihr Geweih und bilden in 100 Tagen ein neues.

3 Reh

> kleinster Hirsch
> kurzes Geweih
> Kitze gepunktet

Capreolus capreolus

Merkmale Grazil, im Sommer rotbraun, im Winter graubraun, Männchen mit kurzem, nur bis 30 cm langem Geweih. **Vorkommen** In Laub- und Mischwäldern bis zur Baumgrenze. **Lebensweise** Hat sich in den Alpen im Gegensatz zum Flachland seine ursprüngliche Lebensweise bewahrt: Im Sommer leben Bock sowie Ricke mit Kitz im Wald als Einzelgänger; nur auf Freiflächen sieht man sie gesellig. **Wissenswertes** In den frühen Morgenstunden kann der aufmerksame Wanderer häufig Rehe auf Waldlichtungen und angrenzenden Wiesen bei der Äsung beobachten.

4 Mufflon

> Wildschaf
> schneckenförmige Hörner
> fast überall ausgesetzt

Ovis ammon

Merkmale Ist etwas kleiner als die meisten Hausschafrassen. Männchen mit bis zu 80 cm langen, schneckenförmigen Hörnern, Weibchen hornlos oder höchstens mit kurzen Hörnern. **Vorkommen** In Laub- und Mischwäldern der Mittelgebirgslagen. **Lebensweise** Leben in kleinen Rudeln, ernähren sich genügsam von Gräsern, Kräutern, Knospen, Laub und Baumfrüchten wie Eicheln, Bucheckern und Kastanien. **Wissenswertes** Ursprünglich in offenen Gebirgslandschaften auf den Inseln Korsika und Sardinien beheimatet, in Mitteleuropa als Jagdwild ausgesetzt.

1a

1b

2a

2b

3

4

1 Alpen-Steinbock

> lange, säbelartige Hörner
> an steilen Hängen
> nur im Hochgebirge

Capra ibex

Merkmale So groß wie eine Ziege, aber kräftiger und mit langen, säbelartig nach hinten gebogenen Hörnern (beim Männchen bis zu 1 m lang). **Vorkommen** In den Alpen oberhalb der Baumgrenze in 2500–3500 m Höhe. Im Winter an steilen, schneefreien Südhängen. **Lebensweise** Klettert und springt an steilen und felsigen Hängen, wo er sich von Gräsern, Kräutern, Jungtrieben und Flechten ernährt. Lebt außerhalb der Paarungszeit (im Dezember und Januar) in getrennten männlichen und weiblichen Herden. **Wissenswertes** Durch Überjagung wurde der Alpensteinbock fast ausgerottet. Nur im Gran-Paradiso-Nationalpark an der italienisch-österreichischen Grenze überlebten einige Herden. Von diesen aus wurde der Alpensteinbock in vielen Regionen der Alpen wieder ausgesetzt. In den Pyrenäen lebt der nahe verwandte Iberische Steinbock.

2 Gämse

> kurze, hakenförmige Hörner
> Männchen mit Gamsbart
> auch in Mittelgebirgen

Rupicapra rupicapra

Merkmale Ziegenähnlich, beide Geschlechter mit kurzen, dünnen Hörnern, die am Ende hakenartig nach hinten gebogen sind. **Vorkommen** In Hochgebirgen wie den Alpen, eingebürgert auch in Mittelgebirgen wie dem Schwarzwald und der Sächsischen Schweiz. Im Sommer oberhalb der Baumgrenze, im Winter darunter. **Lebensweise** Klettert in offenem und felsigem Gelände, wo sie Kräuter, Gräser, Knospen und Beeren frisst. Weibliche Gämsen leben mit ihren Jungen in großen Rudeln, die Böcke leben in kleinen Gruppen oder allein. Im Winter gesellen sich die Böcke zu den Weibchen und kämpfen mit kräftezehrenden Hetzjagden um deren Gunst. **Wissenswertes** Als „Gamsbart" bezeichnet man die bis zu 25 cm langen Haare entlang Nacken und Rücken der Männchen. Während ihrer Rangkämpfe stellen sie ihn auf, um größer zu erscheinen.

3 Braunbär

> unser größtes Landraubtier
> nur in großen Waldgebieten
> wiedereingebürgert

Ursus arctos

Merkmale Größtes Landraubtier Europas. 70 – 300 kg schwer, Körperlänge 1,70 m – 2,50 m (in den Alpen leben die kleinsten Formen). **Vorkommen** Ursprünglich in allen großflächigen Waldlandschaften der Alpen beheimatet; heute auf wenige Wälder im Ötschergebiet, in Kärnten, im Unterengadin sowie vereinzelt im Nationalpark Hohe Tauern beschränkt. **Lebensweise** Nachtaktiv, frisst bis zu 90 % Wurzeln und Früchte, außerdem Insekten, Würmer, Schnecken und Aas; erlegt gelegentlich unbewachtes Vieh. Hält von Oktober bis März in geschützten Höhlen Winterruhe und zehrt dabei von seinen Fettreserven. **Wissenswertes** Als Nahrungskonkurrent des Menschen wurde er bis Ende des 19. Jahrhunderts überall in den Alpen ausgerottet. Die heute wieder in den Alpen beheimateten Bären sind Einwanderer aus dem Balkan oder Abkömmlinge von Auswilderungsprojekten zur Wiederansiedlung des Braunbären in Europa.

1

2

3

1 Rotfuchs

- Gesundheitspolizist
- roter Pelz und buschiger Schwanz
- Hauptspeise: Mäuse

Vulpes vulpes

Merkmale Ähnlich einem mittelgroßen, kurzbeinigen Hund. Unverwechselbar mit seinem roten Fell und dem mächtigen, buschigen Schwanz. **Vorkommen** In Wäldern und Waldrändern bis über 3 000 m. **Lebensweise** Dämmerungs- und nachtaktiv, frisst hauptsächlich Mäuse, verendetes Wild, Insekten und Früchte. Bringt Junge in Erdhöhle zur Welt. **Wissenswertes** Der Fuchs erfüllt in den Alpen eine wichtige Aufgabe als Gesundheitspolizei, indem er verendetes Wild beseitigt und so die Ausbreitung von Seuchen verhindert. Macht leider auch vor Gelegen des Auerwildes nicht halt.

2 Dachs

- Gesicht schwarzweiß gestreift
- weit verzweigte Baue
- nächtlicher Sammler

Meles meles

Merkmale Ähnlich einem mittelgroßen, plumpen und schwerfälligen Hund. Kurze Beine und schwarzweiß gestreiftes Gesicht. **Vorkommen** In Laub- und Mischwäldern bis 2 000 m. **Lebensweise** Nachtaktiver, allesfressender „Sammler"; frisst Früchte, Würmer, Insekten, Gelege und Aas. Hält sich tagsüber und im Winter überwiegend in seinem Bau auf. **Wissenswertes** Gräbt über 30 m lange verzweigte, unterirdische Baue mit Gängen, Höhlen und mehreren Ausgängen. Hier wohnen oft mehrere Tieren, häufig findet darin auch noch der Fuchs als Untermieter Platz.

3 Luchs

- schäferhundgroße Katze
- überall selten
- für den Menschen ungefährlich

Lynx lynx

Merkmale Etwa schäferhundgroße Katze; typisch sind der kurze Stummelschwanz und die Pinselohren. **Vorkommen** In ungestörten, ausgedehnten Wäldern mit dichtem Unterholz, bis in 2 500 m Höhe. **Lebensweise** Einzelgängerisch, versteckt und heimlich. Wichtigste Nahrung in den Alpen sind Rehe und Gämsen. Ruht tagsüber in Fels- und Baumhöhlen. **Wissenswertes** Bis 1900 in den Alpen ausgerottet; in den 1970er Jahren durch Wiederansiedlung wieder mit insgesamt ca. 120 Tieren in den Alpen heimisch.

4 Steinmarder

- „Automarder"
- nächtlicher Jäger
- „Poltergeist"

Martes foina

Merkmale Etwa katzengroß, langer Körper, kurze Beine. Vom ähnlichen, aber viel scheueren Baummarder durch weiße (nicht gelbe) Kehle unterschieden. **Vorkommen** Ursprünglich Bewohner von Stein- und Geröllhalden (Name!) bis 2 500 m; heute als Kulturfolger selbst in Berghütten und in Dachstühlen von Häusern. **Lebensweise** Frisst Mäuse, Vögel und deren Eier, Insekten, Regenwürmer und Früchte. **Wissenswertes** Bewohnt gern Dachböden, wo er nachts herumpoltert und Isoliermaterial annagt. Berüchtigt auch als „Automarder", der Bremsschläuche und Kabel zerbeißt.

2

3

4

Sciurus vulgaris

> oft futterzahm

Merkmale Bis zu 25 cm groß mit fast ebenso langem, buschigem Schwanz. Fell im Sommer leuchtend rostrot, im Winter dunkler. **Vorkommen** In Nadel- und Mischwäldern bis über 2 000 m Höhe an der Baumgrenze. **Lebensweise** Lebt auf Bäumen, klettert und springt gut. Baut kugelförmige Reisignester (Kobel) in Astgabeln und Baumkronen. Frisst Nüsse und andere Baumsamen, legt Wintervorräte an. **Wissenswertes** In der ersten Jahreshälfte sieht man häufig wilde Hetzjagden: Es sind paarungsbereite Männchen, die hinter Weibchen herjagen.

3 Alpen-Murmeltier

Marmota marmota

> verschläft den Winter
> lebt in Kolonien
> gebietsweise sehr zutraulich

Merkmale Etwa hasengroß, typisch sind der kurze Kopf mit winzigen Ohren und der kurze, buschige Schwanz. **Vorkommen** Auf offenen Almen und Felsregionen zwischen 1 000 und 3 000 m Höhe, sofern der Boden das Graben von Bauen zulässt. **Lebensweise** Lebt gesellig in unterirdischen, weit verzweigten Bauen. Als Nahrung dienen Gräser, Knospen, Kräuter und Wurzeln. **Wissenswertes** Warnen andere Tiere durch schrillen Pfiff, dann verschwinden die Tiere blitzschnell in ihren Bau. Dort halten sie eng aneinander gekuschelt von Oktober bis April Winterschlaf.

4 Schneehase

Lepus timidus

> im Winter weiß
> gräbt Schneetunnel
> häufige Beute des Steinadlers

Merkmale Größe zwischen Kaninchen und Feldhase. Fell im Sommer bräunlich grau (4b), im Winter rein weiß (4a). Ohrenspitzen immer schwarz, Schwanz immer weiß. **Vorkommen** In Nadelwäldern, Lawinenstrichen und Kahlschlägen der Alpen von 1300–3 000 m Höhe. **Lebensweise** Im Sommer frisst er Kräuter, Knospen, Gräser und Beeren, im Winter genügen ihm Zweige, Flechten und Rinde. **Wissenswertes** Der kräftigere Feldhase verdrängt seinen Nahrungskonkurrenten aus Gebieten, in denen er selbst vorkommen kann. So bleiben dem Schneehasen nur karge Lebensräume.

1

2

3

4a

4b

1 Alpenspitzmaus

Sorex alpinus

> keine Maus
> immer auf Nahrungssuche
> oft in Höhen um 1000 m

Merkmale Dunkelgrauer Insektenfresser mit spitzem Gesicht, körperlangem Schwanz und winzigen, im Fell verborgenen Ohren. **Vorkommen** An schattig-feuchten Waldrändern, Wiesen und Bachläufen. Meist in Höhen um 1 000 m, kann aber bis 3 000 m vorkommen. **Lebensweise** Ist tag- und nachtaktiv und ständig in Bewegung auf der Suche nach Insekten, Spinnen, Larven oder Aas. **Wissenswertes** Spitzmäuse sind keine echten Mäuse (sie nagen nicht); ihr nächster Verwandter ist der Igel, der ebenfalls zu den Insektenfressern zählt.

2 Waldmaus

Apodemus sylvaticus

> langer Schwanz
> eine der häufigsten Mäuse
> besetzt Vogelkästen

Merkmale Mit etwa 10 cm so groß wie eine Hausmaus, der Schwanz ist noch einmal genauso lang. Oberseits graubraun, die Unterseite ist weißlich. Große Augen und Ohren verraten das Nachttier. **Vorkommen** In Wäldern, Hecken, Feldern und Wiesen bis 1 200 m, im Winter auch in Gebäuden. **Lebensweise** Die Tiere springen sehr gut und klettern gern auf Bäume. Sie graben tiefe Gänge mit Nest- und Vorratskammern. **Wissenswertes** Nicht selten werden Vogel-Nistkästen von den gut kletternden Waldmäusen besetzt. Ähnlich ist die Gelbhalsmaus mit ihrem gelb gefärbten Halsband.

3 Schneemaus

Microtus nivalis

> Hochgebirgsmaus
> kurzer, dicker Schwanz
> sitzt oft auf Steinen

Merkmale Kräftige, bis 14 cm große Maus mit auffallend dickem, halbkörperlangem Schwanz und sehr langen Schnurrhaaren. **Vorkommen** Felsig-steinige Bergmatten und lichte Wälder mit felsigem Untergrund in Höhen von 1 000–3 000 m. Als Kulturfolgerin auch im Bereich von Berghütten. **Lebensweise** Bewohnt Felsspalten und gräbt Gänge mit Nest- und Vorratskammern zwischen Steinen. Frißt Kräuter und Gräser. **Wissenswertes** Die überwiegend nachtaktiven Mäuse lassen sich auch tagsüber oft auf Steinen sitzend beobachten.

4 Rötelmaus

Clethrionomys glareolus

> leicht zu beobachten
> rotbrauner Rücken
> Massenvermehrungen

Merkmale So groß wie eine Hausmaus, oberseits kräftig rotbraun, Bauchseite weißlich. Im Gegensatz zur Waldmaus mit kleinen Ohren und nur etwa halbkörperlangem Schwanz. **Vorkommen** In Wäldern, Hecken und Gebüschen bis 2 000 m, im Winter gelegentlich auch in Gebäuden. **Lebensweise** Die geselligen Wühlmäuse sind häufig auch am Tage tätig und dann leicht zu beobachten, weil wenig scheu. Ihre Nestkammern bauen sie in Reisighaufen oder in morschen Baumstümpfen. Klettert gut und kann so höher gelegene Nahrungsquellen erschließen. **Wissenswertes** Gibt es genug zu fressen, kommt es leicht zu Massenentwicklungen. Davon profitieren ihre Fressfeinde, die Eulen.

1

2

3

4

1 Bartgeier

> frisst Tierkadaver
> war ausgerottet
> „Knochenbrecher"

Gypaetus barbatus

Merkmale Großer Geier, Flügelspannweite 250–290 cm. Im Flug mit langen, sich zuspitzenden Flügeln, typisch ist der lange, keilförmige Schwanz. **Vorkommen** Besiedelt mit insgesamt ca. 100 Paaren heute wieder die Hochgebirge der Alpen oberhalb der Baumgrenze. **Lebensweise** Frisst Tierkadaver, auch Knochen, die er aus großer Höhe hinabfallen lässt, damit sie zersplittern. **Wissenswertes** War als angeblicher „Lämmermörder" in den Alpen ausgerottet; durch erfolgreiche Wiedereinbürgerungen ist der imposante Vogel hier heute wieder zu Hause.

2 Steinadler

> mächtiger Greifvogel
> segelt hoch in der Luft
> König der Berge

Aquila chrysaetos

Merkmale Großer Adler mit typisch hervorstehendem Adlerkopf und im Flug langen, schmalen Flügeln. Junge, noch nicht ausgefärbte Steinadler sind mehrere Jahre lang an ihren weißen Feldern auf Flügeln und Schwanz zu erkennen. **Vorkommen** In offener Landschaft bis 2600 m mit steilen Felswänden zum Brüten. **Lebensweise** Jagt Murmeltiere, Schneehasen, junge Gämsen oder Schafe und Vögel wie Schneehühner, frisst auch Aas. Die mächtigen Nester liegen auf Vorsprüngen oder in Nischen unzugänglicher Felswände. **Wissenswertes** Bedrohter Brutvogel, Störungen führen oft zu Brutverlusten.

3 Wanderfalke

> rasanter Vogeljäger
> erreicht bis zu 200 km/h
> von Vogelschützern gerettet

Falco peregrinus

Merkmale Kräftiger Falke, größer als eine Taube. Typisch sind der schwarze Backenbart und im Flug die langen, spitz zulaufenden Flügel. **Vorkommen** In den Alpen Brutvogel in Felswänden der Mittel- und Hochgebirge. **Lebensweise** Vogeljäger (Haustauben, Stare, Drosseln, Krähen und andere), der in offenen, abwechslungsreichen Landschaften jagt. Baut sein Nest in Felshöhlen und -nischen. **Wissenswertes** Durch rücksichtslose Verfolgung und Störung an den Brutplätzen fast ausgerottet, nehmen heute die Bestände durch strenge Schutzmaßnahmen wieder zu.

4 Turmfalke

> rüttelt im Flug
> Nest an Felswänden
> ruft aufgeregt „kikikiki …"

Falco tinnunculus

Merkmale Kleiner, schlanker Greifvogel mit langem Schwanz, kleiner als eine Krähe. Typisch ist seine rotbraune Färbung mit schwarzen Flecken, das Männchen hat außerdem einen grauen Kopf und einen schwarzen Bart. **Vorkommen** In offener Landschaft mit niedriger Vegetation, brütet in Spalten und Höhlungen von Felswänden. **Lebensweise** Frisst hauptsächlich Mäuse, auch Kleinvögel. **Wissenswertes** Häufiger Falke, der in vielen Lebensräumen gut zurechtkommt. Wo Felswände fehlen, brütet er einfach an Kirchtürmen.

1

2

3

4a

4b

1 Alpenschneehuhn

Lagops mutus

> **› im Winter weiß**
> **› schläft im „Iglu"**
> **› wenig scheu**

Merkmale Etwa halb so groß wie ein Haushuhn. Unterschiedliche Färbung im Jahreslauf, wobei die Flügel immer weiß sind (fällt besonders im Flug auf). Zur Brutzeit ist das Männchen (1b) braungrau marmoriert, das Weibchen (1a) eher goldbraun, im Winter sind beide schneeweiß. Im Frühjahr und Herbst sind sie ungleichmäßig gescheckt. **Vorkommen** Ganzjährig in den Alpen, über der Baumgrenze. **Lebensweise** Lebt von Trieben, Blättern und Knospen. **Wissenswertes** Im Winter graben sie sich nachts gegen die Kälte eine bis zu einem Meter lange Höhle in den Schnee.

2 Auerhuhn

Tetrao urogallus

> **› poltert beim Auffliegen**
> **› Hähne treffen sich zur Balz**
> **› Schleifen, Knallen und Glucksen**

Merkmale Mächtiges Huhn: Männchen (2b) so groß wie ein Truthahn, dunkelgrau und braun gefärbt, Weibchen (2a) etwa gänsegroß und schlicht goldbraun marmoriert. **Vorkommen** Bedrohter Brutvogel, braucht ungestörte, naturnahe Nadel- und Mischwälder. Lebt in mittleren Lagen der Hochgebirge. **Lebensweise** Ernährt sich von Kiefernnadeln, Knospen, Kräutern und Beeren, im Sommer auch von Ameisen. **Wissenswertes** Noch vor Sonnenaufgang treffen sich die Hähne im Frühjahr an traditionellen Balzplätzen und buhlen mit eigenartigen Geräuschen um die Gunst der Weibchen.

3 Birkhuhn

Tetrao tetrix

> **› die Hähne kullern und zischen**
> **› die Hennen brüten und ziehen die Jungen auf**
> **› bedrohte Art**

Merkmale Etwa so groß wie ein Haushuhn, sieht aus wie die kleine Ausgabe des Auerhuhns. **Vorkommen** In den Alpen Brutvogel in der Baumgrenze. **Lebensweise** Das Männchen entfernt sich das ganze Jahr über kaum von den gemeinschaftlichen Balzplätzen. Nach der kurzen Begattung baut das Weibchen ein Nest, legt Eier, brütet und zieht schließlich auch die Jungen alleine groß. **Wissenswertes** Kilometerweit erklingt das zum Balzgesang gehörende, gurgelnd klingende „Kullern" der Hähne von schneebedeckten Gipfeln des Hochgebirges.

4 Haselhuhn

Tetrastes bonasia

> **› braucht strukturreiche Wälder**
> **› surrendes Fluggeräusch**
> **› sitzt oft in Sträuchern und Bäumen**

Merkmale Marmoriertes Gefieder mit im Flugbild auffallender, dunkler Schwanzbinde. **Vorkommen** Stellt hohe Ansprüche an seinen Lebensraum: Braucht unterholzreiche, nicht zu dunkle Wälder aus Nadel- und Laubbäumen mit gut ausgebildeter Strauchschicht. **Lebensweise** Lebt hauptsächlich vegetarisch, im Winter von Knospen. Baut ein Nest am Boden. **Wissenswertes** Durch Verlust geeigneter Lebensräume und häufige Störungen auch in den Alpen selten geworden.

1a

1b

2a

2b

3

4

1 Uhu

Bubo bubo

> größte Eule der Welt
> ruft laut seinen Namen: „U-hu“
> brütet in Steilwänden

Merkmale Fast so groß wie ein Adler. Massiger Körper mit dickem Kopf, großen orangegelben Augen und langen Federohren. **Vorkommen** Brütet in Nischen steiler Felswände. **Lebensweise** Jagt überwiegend nachts in offenen oder nur wenig bewaldeten Gebieten. Erbeutet häufig Igel, Mäuse, Ratten, Frösche und Vögel bis Entengröße, kann sogar Hasen fangen. **Wissenswertes** Der Uhu bevorzugt zum Brüten die Nähe von stehenden oder fließenden Gewässern. Hier findet er viele Beutetiere und kann selber trinken.

2 Raufußkauz

Aegolius funereus

> „erstaunt“ blickende Augen
> braucht Schwarzspechthöhlen zum Brüten
> Füße bis zu den Zehen befiedert

Merkmale Kleine Eule mit großem, runden Kopf und hellem Gesichtsschleier. Die Füße sind bis zu den Zehen befiedert (deutscher Name!). **Vorkommen** Mischwälder mit Schwarzspechthöhlen bis hinauf zur Baumgrenze; in der Nähe braucht er offene Flächen zum Jagen. **Lebensweise** Rein nachtaktiv, Hauptbeute sind Wühlmäuse, Spitzmäuse und Vögel. Zur Frühjahrsbalz hört man den Gesang des Männchens, ein pfeifendes, anschwellendes „Bu-bu-bu-bu-bu …“. **Wissenswertes** Die höchstgelegene Bruthöhle fand man im Engadin in einer Höhe von 2060 m.

3 Sperlingskauz

Glaucidium passerinum

> kleinste europäische Eule
> lebt heimlich und versteckt
> rasante Jagdflüge

Merkmale Winzige Eule, nur etwa so groß wie ein Star. Kleiner, flacher Kopf mit gelben Augen und markanten, hellen „Augenbrauen“. Gefieder hell getüpfelt. **Vorkommen** In älteren Nadel- und Mischwäldern bis zur Baumgrenze. **Lebensweise** Draufgängerischer Jäger, liebt Überraschungsangriffe und Sturzflüge. Erbeutet hauptsächlich Wühlmäuse; in schlechten Mäusejahren sowie im Winter bei hohen Schneelagen ernährt er sich von Vögeln (vor allem Finken und Meisen). **Wissenswertes** Der Gesang, eine Serie weicher Pfeiftöne, ist bis zu 500 m weit zu hören.

4 Alpensegler

Apus melba

> „fliegender Bumerang“
> erreicht 250 km/h
> hohe Flugtriller

Merkmale Ähnelt einer übergroßen Schwalbe mit langen, sichelförmigen Flügeln. Bauch und Kehle weiß, nur durch ein schwarzes Band unterteilt. **Vorkommen** Brütet in Felswänden, meist unterhalb 1500 m Höhe. **Lebensweise** Erbeutet fliegende Insekten und in der Luft schwebende Spinnen. Unter günstigen Bedingungen verfüttert ein Paar am Tag mehr als 20000 Beutetiere! Überwintert in Südafrika. **Wissenswertes** Erreicht spielend Fluggeschwindgkeiten von 250 km/h. Dabei stoßen die Vögel ihre typischen, hohen und langen Flugtriller aus: „tritri-tritri …“.

1

2a

2b

3

4

1 Dreizehenspecht

Picoides tridactylus

> trägt kein Rot
> Fichtenspecht
> trinkt Baumsäfte

Merkmale Etwas kleiner als ein Buntspecht, im Gegensatz zu diesem nur schwarzweiß, ohne Rot im Gefieder. **Vorkommen** In naturnahen Fichtenwäldern (nicht in künstlich angelegten Fichtenschonungen) mit reichlich Totholz, das er zum Brüten und zur Nahrungssuche benötigt. **Lebensweise** Zimmert sich jedes Jahr eine neue Höhle, meist in absterbende Fichten. Pickt Larven und Puppen von Bock- und Borkenkäfern unter der Rinde hervor. **Wissenswertes** Der Dreizehenspecht schlägt ringförmige Spuren in die Rinde von Fichtenstämmen und trinkt die austretenden Harze.

2 Mauerläufer

Tichodroma muraria

> schmetterlingsähnlicher Flug
> flattert an steilen Felswänden
> rote Flügel mit weißen Tupfen

Merkmale Der lange, feine Schnabel und karminrote, runde Flügel machen ihn unverwechselbar. **Vorkommen** Felswände in Tallagen bis in über 3 000 m Höhe, mitunter auch Brutvogel an Gebäuden. **Lebensweise** Sucht Spalten und Ritzen nach Insekten und Spinnen ab. Fällt dabei durch flatternde Flüge an glatten Felsabschnitten auf. **Wissenswertes** Mauerläufer überwintert auch in den Alpen. In der kalten Jahreszeit sucht er tiefere Lagen auf, wo man ihn nicht selten an Kirchen, Stadtmauern, in Ruinen oder Steinbrüchen beobachten kann.

3 Feldlerche

Alauda arvensis

> „Himmelslerche"
> singt schon ab Februar
> gut verstecktes Bodennest

Merkmale Etwas größer als ein Spatz, unauffällig bräunlich mit im Flug gut erkennbaren, breiten Flügeln mit weißem Hinterrand. **Vorkommen** Häufiger Brutvogel auf Äckern und Feldern. **Lebensweise** Bodenbrüter in niedriger Vegetation, ernährt sich von Insekten, Spinnen, Würmern und Samen. Sitzt meist am Boden oder auf kleinen Erhöhungen. **Wissenswertes** Vollbringt „Höchstleistungen", indem sie in großer Höhe (Rekord: 400 m) auf der Stelle fliegt (Himmelslerche) und dabei singt.

4 Felsenschwalbe

Ptyonoprogne rupestris

> große, braune Schwalbe
> jagt nahe an Felswänden
> Schwanz gerade abgeschnitten

Merkmale Große, braune Schwalbe mit breiten Flügeln und gerade abgeschnittenem Schwanz. **Vorkommen** An ost- und südexponierten Steilwänden bis über 2 000 m, bevorzugt in der Nähe von Gewässern, auch in Städten. **Lebensweise** Fliegt geschickt und wendig nah am Felsen, die Nahrung besteht aus Insekten und Spinnen. Beide Partner bauen das Nest aus Lehmkügelchen unter schützenden Felsüberhängen oder in tiefen Höhlungen. **Wissenswertes** Bei nasser Witterung oft über Gewässern jagend.

1

2a

2b

3

4

1 Bergpieper

> wellenförmiger Flug
> stelzenartige Gestalt
> auf kurzrasigen Bergwiesen

Anthus spinoletta

Merkmale Typische Piepergestalt: lang gestreckter Körper, kurzer Hals, hohe Beine und ein langer, feiner und spitzer typischer Insektenfresser-Schnabel. **Vorkommen** Auf felsdurchsetzten Wiesen zwischen 1 200 und 2 350 m. **Lebensweise** Sitzt gern exponiert auf Felsen, erbeutet Insekten und Spinnen. **Wissenswertes** Bergpieper brauchen zur Nahrungssuche kurzrasige Wiesen; die Vegetation darf nicht höher als 10 cm sein. Extensiv genutzte Bergwiesen sind für sie ideal. Die Aufgabe dieser Weideform hat vielerorts zum Rückgang der Art geführt.

2 Gebirgsstelze

> langer Schwanz
> gelbe Unterseite
> an Bächen

Motacilla cinerea

Merkmale Spatzengroß mit sehr langem Schwanz. Rücken grau mit grünlich-gelbem Bürzel, Unterseite gelb. Männchen im Prachtkleid an Kinn und Kehle schwarz. **Vorkommen** An schnell fließenden, meist schattigen Bächen, seltener an Seen und Teichen. **Lebensweise** Baut ihr Nest in unmittelbarer Gewässernähe in Nischen und Löchern in der Uferböschung, zwischen Baumwurzeln oder auch in Brücken, Wehren und Gebäuden. Ernährt sich von Insekten, Spinnen und anderen Wirbellosen. **Wissenswertes** Gebirgsstelzen sind Teilzieher, d. h. einige Tiere ziehen im Winter in südliche Gefilde, andere bleiben im Brutgebiet.

3 Wasseramsel

> an reißenden Bächen
> taucht viel
> im Winter auch an Flüssen im Tiefland

Cinclus cinclus

Merkmale Wie eine kleine Amsel mit braunem statt schwarzem Kopf und auffällig weißer Brust. **Vorkommen** An schnell fließenden Bächen und Flüssen im Mittel- und Hochgebirge. **Lebensweise** Sucht ihr Futter am Grund von Bächen, schwimmt und taucht gut. Taucht bis zu 1,5 m tief und bis zu 20 m weit. Dreht unter Wasser Steine um oder verschiebt sie, um Nahrung wie Insektenlarven, Würmer, Krebschen und Schnecken hervorzuholen. Baut Nest nah am Wasser in Löchern oder Ritzen, auch unter Brücken. **Wissenswertes** Bedroht durch Flussverbauungen und Wasserverschmutzung.

4 Alpenbraunelle

> in Höhe von 1 500–3 000 m
> im Winter oft an Schutzhütten
> lerchenartiger Trillergesang

Prunella collaris

Merkmale Etwas größer als ein Spatz, mit pinzettenartigem Insektenfresserschnabel. Unscheinbar braun und grau gefärbt, aber mit leuchtend rotbraunen Körperseiten. **Vorkommen** Häufiger Brutvogel der Alpen, meist oberhalb der Baumgrenze auf schütter bewachsenen alpinen Matten. **Lebensweise** Sucht hauptsächlich am Boden hüpfend nach Nahrung wie Schmetterlingsraupen, Fliegen, Spinnen und auch Sämereien. Das große Nest liegt versteckt in Felswänden oder zwischen Steinen. **Wissenswertes** Wird häufig für eine Lerche gehalten.

1

2

3

4

1 Hausrotschwanz

Phoenicurus ochruros

- Schwanz rostrot
- Gesang knisternd und knirschend
- brütet in Felsnischen

Merkmale Spatzengroß, aber zierlicher mit rostrotem Schwanz. Männchen (1b) auffällig rußschwarz, Weibchen (1a) graubraun. **Vorkommen** Ursprünglicher Felsbewohner, kommt in offenen, baumlosen Gebieten in der Alpinstufe bis an Schneefelder vor. Nutzt in Städten Gebäude als „Ersatzfelsen". **Lebensweise** Brütet in Halbhöhlen, fängt Insekten und Spinnen. **Wissenswertes** Frühaufsteher kennen seinen typischen Gesang, den er noch vor dem Hellwerden schmettert: Dem „Wo wo wo bi bist" folgt eine Reihe knisternder und knirschender Laute.

2 Braunkehlchen

Saxicola rubetra

- warnt „wi tek tek!"
- sitzt auf niedrigen Warten
- überwintert südlich der Sahara

Merkmale Kleiner als Spatz, rundliche Gestalt, feiner Schnabel, kurzer Schwanz. Männchen mit orangebrauner Brust und weißem Überaugenstreif, Weibchen blasser. **Vorkommen** Brütet in offenen Landschaften mit ausreichendem Angebot an Sitzwarten. Meist in Höhen zwischen 1400–1600 m, höchste Brutvorkommen 2200–2300 m. **Lebensweise** Baut Nest in Bodennähe, frisst Insekten, Spinnen und Würmer. **Wissenswertes** Sitzt oft in aufrechter Haltung auf erhöhten Warten und zuckt mit den Flügeln, dabei leuchten die weißen Schwanzabzeichen auf.

3 Steinschmätzer

Oenanthe oenanthe

- steht hoch aufgerichtet
- schwarze Augenbinde
- kratzender Gesang

Merkmale Etwa spatzengroß, Männchen mit grauschwarzem Mantel, leicht orange überhauchter Brust und schwarzer Augenbinde. Weibchen bräunlicher mit hellerer Augenbinde. Im Flug fällt bei beiden der Schwanz auf: Er trägt ein schwarzes „T" auf weißem Grund. **Vorkommen** Oberhalb der Waldgrenze auf sonnigen Felsmatten mit spärlicher Vegetation; braucht Nischen oder Höhlungen für sein Nest. **Lebensweise** Ansitzjäger. Erbeutet Insekten, Würmer und Schnecken. **Wissenswertes** Sitzt hoch aufgerichtet auf Steinen und wippt mit dem Schwanz.

4 Steinrötel

Monticola saxatilis

- prächtig buntes Männchen
- flötender Gesang schwierig zu orten
- Bodennest zwischen Felsen

Merkmale Männchen im Prachtkleid mit graublauem Kopf, rostroter Unterseite und auffälligem, weißem Rückenfleck. Weibchen schlicht bräunlich marmoriert mit rotem Schwanz. **Vorkommen** In sonnenexponierter Felslandschaft mit hohem Anteil an kurzrasiger Vegetation und schattigen Verstecken bis in 2500 m Höhe. **Lebensweise** Erbeutet hauptsächlich bodenlebende Käfer, Heuschrecken, Raupen, Schnecken und Tausendfüßler. **Wissenswertes** Baut ein Bodennest an schwer zugänglicher Stelle zwischen Felsen.

1a

1b

2

3

4

1 Wintergoldhähnchen

> kleinster europäischer Vogel
> turnt in Baumwipfeln
> oft in Nadelwäldern

Regulus regulus

Merkmale Winzig, etwa nur halb so groß wie ein Spatz. Graugrün mit auffälligem gelbschwarz gestreiftem Scheitel. Am ehesten durch den feinen, hohen Gesang, ein auf- und absteigendes „sisisisi", auszumachen. **Vorkommen** Verbreiteter Brutvogel vor allem in Nadelwäldern. Am häufigsten in Mittelgebirgslagen von 500–1600 m. **Lebensweise** Turnt meist hoch oben im Geäst, wobei es Blattläuse von den Blättern absammelt. Baut ein Nest aus Spinnweben, Moos und Federn. **Wissenswertes** Ständig in Bewegung, turnt und hüpft in kleinen Sprüngen die Äste entlang.

2 Ringdrossel

> „Amsel der Berge"
> im Winter am Mittelmeer
> trägt ein weißes Lätzchen

Turdus torquatus

Merkmale Wie Amsel mit weißem Lätzchen. **Vorkommen** Im alpinen Nadelwald mit aufgelockerten Stellen, z. B. auf Blockfeldern oder Weideflächen. **Lebensweise** Frisst wie die Amsel Regenwürmer, daneben Insekten und im Sommer Beerenfrüchte. Baut ihr recht „schlampiges" Nest in Fichten oder Kiefern, aber auch an Berghütten. Gesang singdrosselartig abgehackt von exponierten Warten aus vorgetragen. **Wissenswertes** Oft brüten mehrere Paare dicht nebeneinander. Sie machen sich keine Konkurrenz, da ihre Nahrungsreviere woanders liegen.

3 Haubenmeise

> zimmert eigene Bruthöhle
> braucht extensiv genutzte Bergwälder
> trägt eine Haube

Parus cristatus

Merkmale Größe als Blaumeise, schwarzweiß gezeichneter Kopf mit spitzer Federhaube. **Vorkommen** In Nadelwäldern. **Lebensweise** Kommt nur da vor, wo sie das ganze Jahr Deckung findet. Hackt Bruthöhlen in morsches Holz oder Baumstümpfe. Frisst Insekten und Samen von Nadelbäumen. Legt Nahrungsvorräte zwischen Zweigen und Nadeln an. **Wissenswertes** Die Bestände der Haubenmeise gehen auf Grund des Waldsterbens (Lebensraumverlust, erhöhte Sterblichkeit) und durch die Umwandlung reich strukturierter Bergwälder in geschlossene Hochwälder zurück.

4 Tannenmeise

> leuchtend weißer Fleck im Nacken
> kleinste Meise Europas
> Höhlenbrüter

Parus ater

Merkmale Kleiner als Blaumeise. Schwarzer Kopf mit weißem Nackenfleck und weißen Wangen. **Vorkommen** Brutvogel älterer Nadelwälder, in höheren Stufen der Alpen auch in Zirbenwäldern. **Lebensweise** Tannenmeisen hüpfen und flattern auf der Suche nach Insekten und Spinnen durch die dicht benadelten Äste. Im Winter sieht man sie an Fichtenzapfen hängend die Samen herauspicken. **Wissenswertes** Ist im Gegensatz zur Haubenmeise zum Brüten auf bereits vorhandene Baumhöhlen angewiesen.

1

2

3

4

1 Tannenhäher

> pflanzt Kiefernwälder
> ruft „grrääh"
> im Herbst in Tälern und Gärten

Nucifraga caryocatactes

Merkmale Kleiner als eine Krähe, dunkelbraun mit weißen Punkten. **Vorkommen** Brutvogel in Kiefern- und Fichtenwäldern im Mittel- und Hochgebirge bis zur Waldgrenze. **Lebensweise** Ernährt sich hauptsächlich von Baumsamen und Früchten, im Sommer auch von Insekten oder Aas. Für sein Vorkommen von entscheidender Bedeutung sind die großen Samen der Zirbel-Kiefer oder ersatzweise Haselnüsse. **Wissenswertes** Vergräbt jeden Winter 50 000–100 000 Samen. Die er nicht wiederfindet, keimen zu neuen Bäumen heran. So sät der Vogel rund 80 % des Jungwuchses in Zirbel-Kiefernwäldern.

2 Kolkrabe

> greifvogelartig
> Flugruf: tief „kork"
> akrobatische Flugspiele

Corvus corax

Merkmale Mächtiger Krähenvogel, größer als ein Bussard. Glänzend schwarz mit sehr kräftigem Schnabel und dick wirkendem Hals. Segelt wie ein Greifvogel, der keilförmige Schwanz ist ein wichtiges Erkennungsmerkmal. **Vorkommen** In den Alpen Felsbrüter hauptsächlich zwischen 600 und ca. 1600 m. **Lebensweise** Frisst hauptsächlich Aas (Fallwild), erbeutet aber auch verletzte oder geschwächte Jungtiere und Kleingetier wie Eidechsen, Frösche und Würmer. **Wissenswertes** Führt soziale Flugspiele mit Verfolgungsjagden und Auf-den-Rücken-Werfen vor.

3 Alpenkrähe

> langer, roter Schnabel
> frisst Insekten
> brütet in Steilwänden

Pyrrhocorax pyrrhocorax

Merkmale Krähe mit langem, rotem, abwärts gebogenem Schnabel und knallroten Beinen. **Vorkommen** In warmen und trockenen Berggegenden mit Magerwiesen. **Lebensweise** Brütet in Höhlungen steiler Felswände und von Ruinen. Nahrungssuche (Insekten, Würmer, Spinnen, Tausendfüßer) auf kurzrasigen Wiesen. **Wissenswertes** Durch den Rückgang extensiver Weidewirtschaft und des Wanderhirtentums bedroht. Die Alpenkrähe ist weniger opportunistisch als die Alpendohle und vermag kaum menschliche Ersatz-Nahrungsquellen zu nutzen.

4 Alpendohle

> gelber Schnabel, rote Beine
> gesellig und oft futterzahm
> Ruftriller: „priiep"

Pyrrhocorax graculus

Merkmale Kleiner als eine Krähe, ganz schwarz mit gelbem Schnabel und roten Beinen. **Vorkommen** Im Hochgebirge oberhalb der Baumgrenze. **Lebensweise** Brütet einzeln in steilen Felswänden, Mauerlöchern von Ruinen, auch auf Dachböden. Sucht oft in Schwärmen nach Insekten, Spinnen, Würmern, Jungvögeln und nach Speiseresten. **Wissenswertes** Dohlen finden sich oft pünktlich nach der Pause auf Schulhöfen ein, um die Reste des Pausenbrotes zu ergattern, und richten sich sogar nach den Ankunftszeiten der Bergbahnen im Gipfelbereich.

1

2

3

4

1 Schneesperling

Montifringilla nivalis

> Spatz der Berge
> im Winter an Berghotels
> bekannt als „Schneefink"

Merkmale Wie ein großer, langflügliger Spatz. Im Flug fallen die schneeweißen Felder auf Flügeln und Schwanz auf. Gesang laut quäkend und tschilpend. **Vorkommen** Brutvogel der Alpen zwischen Baumgrenze und dem ewigen Schnee in Felsgebieten. **Lebensweise** Frisst im Sommer Insekten und Spinnen, im Winter Sämereien. Brütet häufig gesellig in Felswänden und Steinhaufen, aber auch an Hütten. **Wissenswertes** Im Winter in Trupps, dann trifft man Schneesperlinge auf Nahrungssuche an Bergstationen, Berghütten oder Futterplätzen.

2 Zitronengirlitz

Carduelis citrinella

> metallischer Flugruf: „dit"
> Fink der Gebirge
> singt schon ab Februar

Merkmale Kleiner, unscheinbarer, grünlich gelber Fink. **Vorkommen** In lichten Nadelwäldern, an Waldrändern und am Rand von Ortschaften oberhalb 1400 m Höhe. Nach der Brutzeit (ab Juli) in Schwärmen in Krummholz und Matten oberhalb der Baumgrenze. **Lebensweise** Frisst hauptsächlich Baumsamen: Im Winter Fichtensamen, im Sommer Samen von Erle, Birke, Weide und Pappel. Baut sein Nest hoch in Nadelbäumen. **Wissenswertes** Fällt am ehesten durch seinen im Flug vorgetragenen Gesang aus gequetschten und gedehnten Lauten auf.

3 Birkenzeisig

Carduelis flammea

> rote Brust und rote Stirn
> bogenförmige Singflüge
> meist gesellig

Merkmale Zierlicher Fink mit roter Brust und rotem Stirnfleck. **Vorkommen** In den Alpen Brutvogel lichter Nadelwälder mit angrenzenden Wiesen und Gebüschen. **Lebensweise** Brütet oft in Brutgemeinschaften von 5–10 Paaren. Hauptnahrung sind Baum- und Grassämereien, im Sommer auch kleine Insekten. **Wissenswertes** Zwei Formen des Birkenzeisigs werden voneinander unterschieden: Der in Mitteleuropa, Südskandinavien und auf den Britischen Inseln brütende Alpenbirkenzeisig ist kleiner und dunkler als der in Skandinavien vorkommende Taigabirkenzeisig.

4 Bluthänfling

Carduelis cannabina

> nasaler Gesang
> ähnlich Birkenzeisig
> war früher beliebter Käfigvogel

Merkmale Kleiner als ein Spatz, typisch sind die rote Brust und der rote Stirnfleck. **Vorkommen** An Trockenhängen mit Gebüsch, auch in Zwergsträuchern oberhalb der Waldgrenze. **Lebensweise** Baut sein Nest niedrig in dichtem Gebüsch. Lebt fast ausschließlich von Sämereien. Die ersten Bruten der Hochgebirge müssen mit den Grassamen des Vorjahres vorlieb nehmen. **Wissenswertes** Rote Flecken ähnlich wie beim Birkenzeisig. Im Unterschied zu diesem hat das Hänflingsmännchen zur Brutzeit aber einen rostbraunen Rücken und einen grauen Kopf.

1

2

3

4

1 Bergeidechse, Waldeidechse

> kastanienbrauner Rücken
> auch in kühleren Regionen
> lebendgebärend

Lacerta vivipara

Merkmale Zierliche, nur bis 16 cm lange Eidechse mit meist kastanienbraunem Rücken und dunkleren Flanken, verschiedenen Streifen- und Punktzeichnungen. **Vorkommen** In Wäldern, Mooren, Heiden und Steinbrüchen bis 3 000 m Höhe. Auch in kühleren Lebensräumen als die Zauneidechse. **Lebensweise** Jagt Insekten, Würmer und Spinnen. Winterruhe von Oktober bis März. **Wissenswertes** Legt keine Eier, sondern bringt nach einer Tragzeit von ca. drei Monaten lebende Junge zur Welt.

2 Zauneidechse

> grüne Männchen
> legt Eier in Erdgruben
> wärmeliebend

Lacerta agilis

Merkmale Bis 24 cm lang, graubraun mit variabler Streifen- und Punktzeichnung. Das Männchen hat, besonders zur Paarungszeit, leuchtend grüne Flanken und eine grüne Kehle, das Weibchen an den Körperseiten typische „Augenflecken". **Vorkommen** An sonnigen Hängen, Waldrändern und in Steinbrüchen, fehlt in hochalpinen Lagen. **Lebensweise** Sonnt sich am Vormittag. Wenn sie aufgewärmt ist, geht sie auf Insektenjagd. Legt ihre Eier in selbst gescharrte Erdlöcher, die Sonne brütet sie aus. **Wissenswertes** Oktober bis April Winterruhe in frostfreien Verstecken.

3 Kreuzotter

> häufigste Giftschlange Europas
> Zickzackmuster
> scheu

Vipera berus

Merkmale Etwa 60–75 cm lange Giftschlange mit charakteristischem, dunklem Zickzackband auf dem Rücken. **Vorkommen** Vorzugsweise in Mooren, Heiden, auf Bergwiesen und in Steinbrüchen bis etwa 3 000 m Höhe. **Lebensweise** Tagaktiv, jagt Mäuse, Eidechsen und Frösche. Hält Winterruhe von Oktober bis März. **Wissenswertes** Flieht bei Gefahr in die Vegetation oder unter Steine. Greift nur an und beißt, wenn sie in die Enge getrieben wird. Der Biss ist sehr schmerzhaft, aber kaum tödlich. Ein Arzt sollte in jedem Fall aufgesucht werden.

4 Ringelnatter

> Halbmonde am Hinterkopf
> harmlos und ungiftig
> schwimmt und taucht gut

Natrix natrix

Merkmale Bis zu 1 m lange, graugrüne Schlange mit zwei hellen halbmondförmigen Flecken am Hinterkopf. **Vorkommen** Vor allem in feuchten Lebensräumen: In und an Bächen, Flüssen und Seen, aber auch in Mooren und sogar in Steinbrüchen. In den Alpen bis maximal 2 000 m. **Lebensweise** Sonnt sich vormittags, bis ihr Körper warm genug ist, um Frösche, Kröten und Molche zu erbeuten. Schwimmt und taucht gut, erbeutet dabei auch kleine Fische. Überwintert an frostfreien Plätzen in der Erde, unter Laub oder in Baumstümpfen. **Wissenswertes** Harmlos und scheu, flüchtet bei Annäherung ins Wasser.

1

2

3

4

1 Alpensalamander

> lackschwarz
> nachtaktiv
> gebärt lebende Junge

Salamandra atra

Merkmale 10–15 cm langer, meist komplett schwarzer Salamander, gelegentlich mit gelben Flecken. **Vorkommen** In den Alpen zwischen 800 und 2 000 m Höhe. Bevorzugt feuchte und schattige Orte. **Lebensweise** Geht nachts auf Jagd nach Käfern, Spinnen, Nacktschnecken und Würmern. Versteckt sich tagsüber in Felsspalten oder unter totem Holz. Hält von Oktober bis April Winterruhe in Höhlen und unter Baumstämmen. **Wissenswertes** Biologisch sensationell ist seine Fortpflanzung: Anders als beim Rest der Familie, das sind Frösche, Molche und der Feuersalamander, ist er vom Wasser komplett unabhängig. Denn er legt keine Eier ab, sondern trägt seinen Nachwuchs zwei bis drei Jahre lang im Bauch. Dann bringt er komplett „fertige“, 4–5 cm große Alpensalamander zur Welt.

2 Bergmolch, Alpenmolch

> in Bergseen über 2 000 m Höhe
> buntes Hochzeitskleid
> Bauch orange

Triturus alpestris

Merkmale Bis 12 cm lang. Männchen im Hochzeitskleid bunt: hellblaue Oberseite mit je einem schwarz gepunkteten weißen Längsband über Rücken und Flanken, Unterseite leuchtend orange. Im Schlichtkleid Oberseite unscheinbar gräulich-schwärzlich. Weibchen oberseits bräunlich-gräulich marmoriert, unterseits einfarbig orange.
Vorkommen In und an stehenden und langsam fließenden Gewässern bis über 2 000 m Höhe. **Lebensweise** Von etwa März bis September im Wasser. Dort findet auch die Paarung und die Eiablage statt. Weibchen faltet dabei 150–200 Eier einzeln in die Blätter von untergetauchten Wasserpflanzen. Verlässt im Herbst das Wasser und versteckt sich tagsüber unter Steinen oder verrottendem Holz. Den kalten Winter überdauert er in frostsicheren Quartieren im Erdboden oder unter großen Steinen, häufig in großen Ansammlungen. **Wissenswertes** Männchen führen im Wasser Hochzeitstänze vor.

3 Gelbbauchunke

> Bergunke
> leuchtend gelborange Unterseite
> glockenartige „ung...ung...“-Rufe

Bombina variegata

Merkmale Krötenähnlich, 4–5 cm lang. Oberseite bräunlich-grünlich mit auffälligen Warzen. Unterseite von Bauch, Kopf und Beinen auffällig gelborange mit schwarzen Flecken. Herzförmige Pupillen. **Vorkommen** Bevorzugt Berg- und Hügelland und wird deshalb auch „Bergunke“ genannt. Bewohnt Tümpel, Teiche und verschiedene, periodisch austrocknende Kleinstgewässer wie Wagenspuren, Waldtümpel oder Gräben. In den Alpen bis in 2 000 m Höhe. **Lebensweise** Sucht ihr Laichgewässer ab Mitte April auf und verbleibt bis Oktober im Wasser. Überwinterung meist in Waldrandbereichen unter Steinen, Totholz oder im Erdboden. **Wissenswertes** Fühlen sich Unken in Gefahr, präsentieren sie mit durchgebogenem Rücken und hochgezogenen Beinen die Warnfarben ihrer Unterseite (sog. Kahnstellung).

1

2

3

1 Alpen-Gebirgsschrecke

> glänzend grünschwarz
> singt nicht
> liebt es feucht und kühl

Miramella (= Podisma) alpina

Merkmale Glänzend grüne, bis 3 cm große Heuschrecke mit auffälligen, schwarzen Längsstreifen auf dem Halsschild. Kurze, hellbraune Stummelflügel und knallrote Hinterschienen sind typisch für die Art. **Vorkommen** Frische, feuchte und kühle Lebensräume wie Feuchtwiesen an Nordhängen, feuchte Nadelwälder und bachbegleitende Wiesen und Gebüsche. Bevorzugt Höhen zwischen 1000–2800 m; Kommt als reine Gebirgsschrecke nicht unterhalb 300 m vor. **Lebensweise** Ernährt sich ausschließlich von Pflanzen; häufig an Heidelbeere, Pestwurz und an jungen Laubbäumen. Zwischen August und Oktober Eiablage in feuchte Böden; erwachsene Tiere sind meist zwischen Juli und September zu beobachten. **Wissenswertes** Das kleinere Männchen wird nach der Paarung noch längere Zeit vom Weibchen getragen.

2 Sibirische Keulenschrecke

> Männchen mit dicken „Händen“
> lauter Gesang
> liebt es sonnig und trocken

Gomphocerus sibiricus

Merkmale Bis 2,5 cm große Heuschrecke mit etwa körperlangen Flügeln, beim Weibchen sind sie etwas kürzer. Männchen mit auffällig verdickten Vordergliedmaßen und in der Seitenansicht mit „Buckel“. **Vorkommen** Reine Hochgebirgsschrecke, bei uns nur in den Alpen. Lebt auf sonnig-trockenen, höchstens extensiv genutzten Bergwiesen in Höhen von 1000–2800 m. **Lebensweise** Ernährt sich von Pflanzen. Zur Paarungszeit im Juli und August schallt ihr lautstarker Gesang (trä....trä...trä...) weit durch stille Hochalpentäler. Die Verse dauern ca. 20 Sekunden und werden oft abwechselnd von Weibchen und Männchen vorgetragen, bis sie zusammengefunden haben. **Wissenswertes** Der Name „Keulenschrecke“ bezieht sich nicht auf die verdickten Vorderbeine des Männchens, sondern auf die Fühler: Sie sind bei beiden Geschlechtern am Ende abgeplattet und keulenartig verdickt.

3 Warzenbeißer

> mit „Säbel“ zum Eierlegen
> sehr lange Fühler
> frisst Insekten

Decticus verrucivorus

Merkmale Bis 4,4 cm große Heuschrecke mit sehr langen Fühlern und variabler Färbung: Es gibt ein- und mehrfarbige Tiere in Grün, Gelb und Braun bis hin zu Schwarz. Weibchen mit langer Legeröhre (sticht damit keine Menschen!) **Vorkommen** Kurzrasige, sonnige Bergwiesen mit lückiger Vegetation und hoher Bodenfeuchte zwischen 400–2600 m Höhe. **Lebensweise** Frißt hauptsächlich Insekten. Der Gesang beginnt mit einzelnen „zick“-Lauten, die immer schneller aneinandergereiht werden; ähnlich dem Starten eines Traktors. **Wissenswertes** Als Raub-Heuschrecke verfügt der Warzenbeißer über besonders aggressive Verdauungssäfte. Deshalb ließ man ihn früher gezielt in Warzen beißen, um diese so zu verätzen (daher der Name), diese Anwendung soll gut geholfen haben. Gefährdete Art wegen hoher Lebensraumansprüche.

1

2

3

1 Pinselkäfer

> wespenähnliche Färbung
> pelzig behaart
> besucht Blüten

Trichius fasciatus

Merkmale 1–1,5 cm großer Käfer mit gelbschwarz gezeichneten Flügeldecken. Außer auf den Flügeln überall dicht behaart. **Vorkommen** Auf Bergwiesen und an Waldrändern bis etwa 1900 m Höhe. **Lebensweise** Fliegt an sonnigen Tagen auf Blüten von Disteln und Doldenblütlern und frisst hier Pollen. Legt seine Eier in morsches Holz von Buche oder Erle, wo sich die geschlüpfte Larve zwei Jahre lang von Holzmulm ernährt. **Wissenswertes** Die wespenähnliche Warnfärbung soll Fressfeinde abschrecken.

2 Großer Fichtenrüssler

> langer Rüssel
> Forstschädling
> in Nadelwäldern

Hylobius abietis

Merkmale Um 1 cm großer, bräunlicher Käfer mit auffallendem „Rüssel". **Vorkommen** In Nadelwäldern bis in etwa 2 000 m Höhe. **Lebensweise** Der erwachsene Käfer ernährt sich von Frühjahr bis Herbst von der Rinde junger Nadelbäume und ist hier gut zu beobachten, da er recht träge ist. Seine Larven entwickeln sich in absterbenden Wurzeln von Fichten und Kiefern. **Wissenswertes** Häufiger und gefürchteter Forstschädling: Bei Massenbefall schädigen die Käfer junge Fichten und Kiefern so stark, dass sie absterben.

3 Alpenbock

> hellblau mit schwarzen Flecken
> mächtige Fühler
> in alten Buchenwäldern

Rosalia alpina

Merkmale Bis 4 cm langer, matt hellblauer Bockkäfer mit schwarzen Flecken und kräftigen, deutlich mehr als körperlangen Fühlern. **Vorkommen** Lebt in alten Buchenwäldern in Höhen von 500–1 500 m. **Lebensweise** Tagaktiv, fliegt an sonnigen Tagen Blüten an und frisst Pollen. Legt seine Eier in morsches Buchen- oder Eschenholz. Darin verbringen die geschlüpften Larven drei Jahre und mehr. Zum Verpuppen bauen sie sich eine kleine Kammer unter der Oberfläche des Stammes und sind schließlich „fertige" Käfer. **Wissenswertes** Selten, vielerorts verschwunden. Das Liegenlassen umgestürzter Buchen fördert die Erhaltung der Art.

4 Schneefloh

> hüpft wie ein Floh
> oft auf Schnee
> bis in 3800 m Höhe

Boreus hyemalis

Merkmale Nur 3–4 mm kleine Schnabelfliege mit dunkelbraunem, schnabelartig nach unten verlängertem Kopf. **Vorkommen** Das kleine Tierchen fällt dadurch auf, dass es sich in Höhen bis 3 800 m auf abschmelzendem Schnee aufhält (Name!). **Lebensweise** Ernährt sich von toten Insekten und Moosen, die es ansticht und aussaugt. Erscheint Ende Oktober und bleibt den ganzen Winter aktiv. **Wissenswertes** Der Schneefloh ist kein richtiger Floh, sondern ist ein naher Verwandter der Mücken. Seine Flügel sind aber verkümmert, so dass er sich hüpfend wie ein Floh fortbewegt.

1

2

3

4

1 Sechsfleck-Widderchen, Blutströpfchen

> rot gepunktet
> Fühler gebogen wie Widderhörner
> mehrere ähnliche Arten

Zygaena filipendulae

Merkmale 18–23 mm lang. Vorderflügel glänzend blauschwarz mit je sechs roten Flecken, Hinterflügel rot mit schwarzem Rand. Keulenförmige, hakenartig gekrümmte Fühler. **Vorkommen** Auf Alpenwiesen, an sonnigen Hängen und Waldrändern bis zu 2500 m Höhe. **Lebensweise** Die Falter saugen vor allem an Disteln, Kletten und Flockenblumen. Flugzeit Juni bis September. **Wissenswertes** Die auffällige Färbung stellt eine Warnfarbe dar, die signalisiert: „Vorsicht giftig!". Etliche ähnliche Arten, die sich insbesondere in Form und Zahl der roten Flügelflecken unterscheiden.

2 Gelber Alpen-Flechtenbär

> gelb und schwarz
> lebt an Flechten
> in steinigen Lebensräumen

Setina aurita

Merkmale Falter gelb mit schwarzen Strichen oder Punkten, Raupe schwarz-gelb mit langen, schwarzen Haaren. **Vorkommen** In felsigem Gelände in 1000–3000 m Höhe. **Lebensweise** Flechtenbären sind darauf spezialisiert, mit kärgsten Bedingungen zurechtzukommen: Das Weibchen legt seine Eier an Steine, die Raupe frisst ausschließlich den auf den Steinen wachsenden Flechtenbewuchs. Flugzeit Mai–August. **Wissenswertes** Es gibt mehrere, ähnliche Arten von Flechtenbären.

3 Roter Apollo-Falter

> „Schneewittchen-Falter"
> fliegt zitternd
> streng geschützt

Parnassius apollo

Merkmale 5 cm groß mit pergamentartig durchscheinenden Flügeln. Vorderflügel mit vier schwarzen Flecken, Hinterflügel tragen zwei rote Flecken mit schwarzen Rändern. **Vorkommen** Sonnenexponierte, felsige Hänge bis zu 2000 m Höhe. **Lebensweise** Fliegt bei schönem Wetter auf blühenden Bergwiesen und saugt Nektar an Disteln. Flugzeit Juni bis September. **Wissenswertes** „Weiß wie Schnee, schwarz wie Ebenholz und rot wie Blut". Der schöne Falter reagiert empfindlich auf Umweltveränderungen und ist heute fast überall selten geworden.

4 Hochalpen-Apollo-Falter

> typischer Bergschmetterling
> in Feuchtgebieten über 2000 m
> Augenflecken zur Abschreckung

Parnassius phoebus

Merkmale Dem Roten Apollo-Falter sehr ähnlich, im Unterschied zu diesem aber mit roten Flecken auf den Vorderflügeln. **Vorkommen** In feuchten Lebensräumen über 2000 m Höhe mit Vorkommen von Steinbrech- und Hauswurz-Arten. **Lebensweise** Der Falter saugt vorzugsweise Nektar an Disteln, die Raupe ist auf Steinbrech-Arten spezialisiert. Flugzeit Ende Juni bis Anfang September. **Wissenswertes** Die großen, roten Flecken der Hinterflügel schrecken Fressfeinde ab: Plötzlich aufgeklappt, vermitteln sie den Eindruck starrender Augen.

1

2

3

4

Pflanzen

1 Berg-Kiefer

> oberhalb der Baumgrenze
> wächst buschig
> Bodenfestiger an Geröllhängen

Pinus mugo

Merkmale Kieferngewächse *(Pinaceae)*. Bis 3,5 m hoch, buschig; niedrig, aufsteigende Äste, steife, 2–8 cm lange Nadeln, kleine, 3–7 cm große Zapfen. Männliche Blüten (1a) gelb, 1–1,6 cm, gehäuft am Grund junger Triebe, weibliche Blüten (1b) rosa bis rot, 5–10 mm groß, ein bis vier am Ende junger Triebe. Blütezeit Juni/Juli, Samenreife Oktober/November. **Vorkommen** In mittel- und südeuropäischen Gebirgen bis 2 000 m Höhe. **Wissenswertes** Bildet über der Baumgrenze mit Alpenrosen Dickichte, den „Krummholzgürtel".

2 Zirbel-Kiefer, Arve

> Zapfen aufrecht
> wird bis zu 1 000 Jahre alt
> typischer Alpen-Baum

Pinus cembra

Merkmale Kieferngewächse *(Pinaceae)*. Bis 25 m hoch, kegelförmig, Nadeln biegsam, 5–12 cm lang. Blüten nur im oberen Kronenteil: Männliche Blüten eiförmig, gelb, 1,5 cm lang, am Grund junger Triebe; weibliche Blüten tiefrot, 1–1,5 cm, an der Spitze junger Triebe. Zapfen eiförmig, aufrecht, 5–13 cm. Blütezeit Mai bis Juli, Samenreife September/Oktober. **Vorkommen** Alpen, Karpaten, Nordrussland bis Mittelsibirien in 1 300–2 700 m Höhe. **Wissenswertes** Ihre Samen sind die Hauptnahrung des Tannenhähers.

3 Weiß-Tanne

> Nadeln stumpf, weiß gestreift
> bis zu 600 Jahre alt
> Zapfen aufrecht

Abies alba

Merkmale Kieferngewächse *(Pinaceae)*. Immergrüner Nadelbaum bis 50 m Höhe, steht einzeln, Äste bis zum Grund. Nadeln kurz, am Ende stumpf, 1–3 cm lang, oben dunkelgrün, unten zwei weiße Streifen, stehen deutlich in zwei Reihen am Zweig. Männliche Blüten klein, gelb, weibliche 2–3 cm lang, hellgrün, stets auf der Oberseite der Zweige. Zapfen aufrecht, 8–15 cm lang, an beiden Enden etwas verschmälert. Blütezeit Mai/Juni, Samenreife September/Oktober. **Vorkommen** In Gebirgen Mittel- und Südeuropas bis 2 000 m. **Wissenswertes** Luftverschmutzung führt zum Absterben.

4 Fichte

> höchster heimischer Baum
> Zapfen hängend
> Nadeln spitz

Picea abies

Merkmale Kieferngewächse *(Pinaceae)*. Immergrüner, kegelförmiger Nadelbaum, bis 70 m, meist 30–50 m hoch. Nadeln 1–3 cm, spitz, glänzend dunkelgrün. Männliche Blüten erst rötlich, dann gelblich, nach unten gerichtet, weibliche Blüten aufrecht, rötlich, 5–6 cm. Zapfen (4b) hängend, 10–15 cm, harzig. Blütezeit Mai/Juni, Samenreife September bis November. **Vorkommen** Heimisch in Mittelgebirgen und Alpen, oft angepflanzt. **Wissenswertes** Unser häufigstes Nadelholz. Bau- und Tischlerholz, Papierherstellung. An den steilen Hängen der Alpen bietet sie natürlichen Schutz vor Lawinen und verhindert das Abrutschen von ganzen Hängen.

1
2
3
4

1 Rostblättrige Alpenrose

> heimischer Rhododendron
> immergrün
> meidet Kalk

Rhododendron ferrugineum

Merkmale Heidekrautgewächse *(Ericaceae)*. Immergrüner, bis 1 m hoher Strauch. Blätter dunkelgrün glänzend, ledrig, bis 4 cm lang. Blüten etwa 1,5 cm groß, tief rosarot, sechs bis zehn in Trauben. Blütezeit je nach Höhenlage Mai bis Juli. **Vorkommen** Auf sauren Böden in den Alpen, Pyrenäen, dem Apennin, dem Jura und den Gebirgen des Balkans. Wächst häufig an Gebirgshängen bis etwa 2800 m Höhe. **Wissenswertes** In Mitteleuropa sind nur zwei der weltweit etwa 1000 Rhododendron-Arten heimisch.

2 Behaarte Alpenrose

> kalkliebend
> Blätter am Rand borstig behaart
> hellrosa Blüten

Rhododendron hirsutum

Merkmale Heidekrautgewächse *(Ericaceae)*. Immergrün, bis 1 m hoch, junge Triebe behaart. Blätter grün glänzend, ledrig, bis 3 cm lang, im Unterschied zur Rostblättrigen Alpenrose am Rand borstig behaart. Blüten 1–2 cm groß, hellrosa, drei bis zehn zusammenstehend. Blütezeit Mai bis Juli, auch noch später. **Vorkommen** Meist über der Baumgrenze, in den Alpen von 600–2500 m Höhe. **Wissenswertes** Geschützte Art, auch unter vielen anderen Namen bekannt, z. B. Almrausch oder Bergrose. Kalkliebend.

3 Gämsheide, Alpenazalee

> teppichbildender Spalierstrauch
> überzieht selbst exponierte Grate
> „Alpenheide", „Felsenröschen"

Loiseleuria procumbens

Merkmale Heidekrautgewächse *(Ericaceae)*. Niedriger, reich verzweigter, immergrüner Zwergstrauch. Äste bis 50 cm lang, Wuchshöhe nur 1–3 cm. Blätter ledrig, 5–7 mm lang und 2 mm breit, oberseits glänzend, Rand eingerollt. Zwei bis fünf rosafarbene, glockenförmige Blüten. Blütezeit Juni/Juli. **Vorkommen** Weit verbreitet auf felsigen Böden, oft an exponierten Stellen, in 1500 bis 3000 m Höhe. **Wissenswertes** Durch ihren niedrigen, dicht an den Untergrund angeschmiegten Wuchs und die widerstandsfähigen Blätter kann die Pflanze extreme Kälte (bis –40 °C), Erhitzung (bis +45 °C), Wind und Trockenheit ertragen.

4 Rosmarinheide, Gränke

> Charakterpflanze der Moore
> eingerollte Blätter
> giftig

Andromeda polifolia

Merkmale Heidekrautgewächse *(Ericaceae)*. 10–30 cm hoher, immergrüner Zwergstrauch. Blätter ledrig, schmal lanzettlich, spitz zulaufend, bis 4 cm lang, oberseits dunkelgrün glänzend, unterseits blaugrün bereift, Ränder eingerollt. Blüten zartrosa, kugelig-glockenförmig, zu zwei bis acht in endständigen Trauben. Blütezeit Mai bis Juli. **Vorkommen** In moorigen Wäldern und Hochmooren bis in etwa 1700 m Höhe. **Wissenswertes** Blätter und Blüten der Rosmarinheide sind giftig, ihr Verzehr führt zu Brennen im Mund, Schweißausbrüchen und Atemnot. Vergiftungserscheinungen auch bei Schafen und Ziegen.

1

2

3

4

1 Immergrüne Bärentraube

> bildet ausgedehnte Matten
> Heilpflanze
> in Gärten angepflanzt

Arctostaphylos uva-ursi

Merkmale Heidekrautgewächse *(Ericaceae)*. Sparrig verzweigter Strauch mit bis zu 1,5 m langen, niederliegenden Ästen, 30–40 cm hoch. Blätter immergrün, ledrig, glänzend, 2–3 cm lang. Fünf bis zehn weißliche, krugförmige Blüten. Reife Früchte glänzend rot, kugelig. Blütezeit, je nach Höhenlage, März bis Juli, Fruchtreife September bis November. **Vorkommen** Besiedelt trockene, sandige bis felsigen Böden, in den Alpen bis auf 2800 m Höhe. **Wissenswertes** In Gärten und auf Friedhöfen ist die immergrüne Pflanze als Bodendecker beliebt.

2 Alpen-Bärentraube

> sommergrüner Bodendecker
> Blätter im Herbst rot
> reife Beeren blauschwarz

Arctostaphylos alpina

Merkmale Heidekrautgewächse *(Ericaceae)*. Sommergrün, kriechend, mit kurzen, aufsteigenden Zweigenden. Blätter schmal, bis 5 cm, lang bewimpert, am Rand scharf gesägt. Blüten 0,5 cm, grünlich weiß bis rötlich, zwei bis fünf zusammenstehend. Beeren erst rot, später blauschwarz. Blütezeit Mai/Juni, Fruchtreife September/Oktober. **Vorkommen** Bei uns nur in den Alpen, in sonniger Lage auf kalkarmen Felsböden. **Wissenswertes** Im Herbst Blätter leuchtend rot, bleiben bis zum Frühjahr stehen. Früchte werden von Vögeln gefressen, für Menschen ungenießbar.

3 Rauschbeere

> giftig!
> nicht mit Heidelbeeren verwechseln!
> kommt bis in 2800 m Höhe vor

Vaccinium uliginosum

Merkmale Heidekrautgewächse *(Ericaceae)*. 20–80 cm hoher, verzweigter Strauch. Braune rundliche Zweige. Zwei bis drei weißlich-rosafarbene, glockenförmige Blüten in den Achseln der oberen Blätter. Blätter dunkelgrün. Frucht eine bereifte, dunkelblaue Beere mit hellem Fleisch und Saft. Blütezeit Mai/Juni, Fruchtreife August/September. **Vorkommen** Auf feuchten Böden in Waldmooren und Zwergstrauchbeständen, in den Alpen bis in etwa 2800 m Höhe. **Wissenswertes** Übermäßiger Verzehr der giftigen Beeren führt zu rauschartigem Zustand (Name!), Erbrechen und Schwindel.

4 Blaubeere, Heidelbeere

> süße Früchte
> liefert köstliche Marmelade
> verursacht farbechte Flecken

Vaccinium myrtillus

Merkmale Heidekrautgewächse *(Ericaceae)*. 10–40 cm hoher Zwergstrauch mit kantigen, grünen Zweigen. Glockenförmige grünlich rötliche Blüten. Blätter rundlich-eiförmig, zugespitzt. Früchte blauschwarz mit rotem Saft. Blütezeit Mai/Juni, Früchte August bis Oktober. **Vorkommen** Auf sauren Böden in lichten Wäldern und Zwergstrauchbeständen, in den Alpen bis in etwa 2200 m Höhe. **Wissenswertes** Die Früchte sind sehr vitaminreich und werden sowohl frisch als auch zu Marmelade verarbeitet gegessen. Ähnlich der bitter schmeckenden Rauschbeere (s. o.).

1

2

3

4

1 Preiselbeere

> Früchte essbar
> Blätter immergrün
> glockenförmige Blüten

Vaccinium vitis-idaea

Merkmale Heidekrautgewächse *(Ericaceae)*. 10–25 cm hoher Zwergstrauch. Eiförmige Blätter immergrün, lederartig, am Rand leicht eingerollt. Zwei bis zehn weiß-rötliche, glockenförmige Blüten in Trauben am Zweigende. Frucht leuchtend rote Beere. Blütezeit Mai bis August, Fruchtreife August bis Oktober. **Vorkommen** In lichten Wäldern, insbesondere in Kiefernwäldern. Auch in Mooren, Heiden und Zwergstrauchbeständen bis in 3000 m Höhe. **Wissenswertes** Die leicht säuerlich und herb schmeckenden Früchte sind reich an Vitamin C sowie Provitamin A.

2 Heidekraut, Besenheide

> bildet großflächige Heiden
> immergrün
> verträgt keinen Schatten

Calluna vulgaris

Merkmale Heidekrautgewächse *(Ericaceae)*. 20–50 cm hoher, sparriger, immergrüner Kleinstrauch. Blätter winzig, 1–3 mm lang, Blüten glöckchenförmig, lila-rosa, in reichblütigen Trauben an den Zweigenden. Blütezeit Juli bis Oktober. **Vorkommen** Auf mageren Böden mit viel Sonne in lichten Wäldern, Heiden und Zwergstrauchbeständen, in den Alpen bis in etwa 2300 m Höhe. **Wissenswertes** Bei der Garten-, Friedhofs- oder Balkonbepflanzung wird das immergrüne Heidekraut gerne als bodendeckende Bepflanzung eingesetzt. In der Pflanzenheilkunde spielt das Heidekraut eine Rolle bei der Behandlung von Rheuma und Gicht sowie als harntreibendes Mittel mit blutreinigender Wirkung.

3 Schneeheide

> beliebte Gartenpflanze
> blüht im Schnee
> nadelartige Blätter

Erica carnea (= E. herbacea)

Merkmale Heidekrautgewächse *(Ericaceae)*. Bis 30 cm hoher, reich verzweigter, niederliegender oder kriechender Zwergstrauch. Blätter nadelförmig, meist zu viert in Quirlen angeordnet, immergrün, bis 1 cm lang. schmal glockenförmige, rötlich rosa Blüten in vielblütiger Traube. Blütezeit März bis Juni. **Vorkommen** In lichten Kiefernwäldern und auf kalkhaltigen, trockenen Sand- und Felsböden vom Tal bis in 2700 m Höhe. **Wissenswertes** Der deutsche Artname weist darauf hin, dass die Pflanze bereits blüht, wenn noch Schnee liegt.

4 Schwarze Krähenbeere

> häufiger Zwergstrauch
> nadelförmige Blätter
> schwarze Früchte essbar

Empetrum nigrum

Merkmale Heidekrautgewächse *(Ericaceae)*. Immergrüner, 20–40 cm hoher Zwergstrauch, kriecht und bildet Teppiche. Laubblätter 5 mm lang , wirken nadelförmig, da sie nach unten eingerollt sind. Die Blüten sind rötlich, unscheinbar. Auffällig sind die kugeligen, schwarz glänzenden, 6–8 mm großen Früchte. Blütezeit Mai/Juni, Fruchtreife August/September. **Vorkommen** In Heiden, Mooren, Nadelwäldern und auf Gebirgshängen bis in etwa 2700 m Höhe. **Wissenswertes** Die Früchte sind nach Frosteinwirkung genießbar, schmecken ähnlich sauer wie Preiselbeeren und lassen sich roh verzehren und zu Marmelade verarbeiten.

1

2

3

4

1 Steinröschen, Gestreifter Seidelbast

> seltene, geschützte Art
> stark duftend
> sehr giftig!

Daphne striata

Merkmale Seidelbastgewächse *(Thymelaeaceae)*. 5–40 cm hoher Zwergstrauch mit niederliegenden, dünnen Zweigen. Blätter immergrün, ledrig, bis 2,5 cm lang. Zwei bis 15 rosafarbene Blüten in endständigen Dolden, angenehm nach Flieder duftend. Beerenartige Früchte anfangs orange, später bräunlich. Blütezeit Mai bis August. **Vorkommen** Meist auf kalkhaltigen, steinigen Böden in lichten Wäldern und Zwergstrauchbeständen zwischen 1000 und 2500 m Höhe. **Wissenswertes** Wie alle Seidelbastarten ist auch das Steinröschen extrem giftig, der Verzehr von Pflanzenteilen kann zum Tode führen.

2 Alpen-Seidelbast

> nur im Sommer grün
> riecht nach Vanille
> sehr giftig!

Daphne alpina

Merkmale Seidelbastgewächse *(Thymelaeaceae)*. 20–50 cm hoher, reich verzweigter Strauch mit bogig aufsteigenden Zweigen. Sommergrüne Blätter an den Zweigenden gehäuft, eiförmig bis länglich, 2–5 cm lang und 0,5–2 cm breit. Zwei bis zehn weiße, angenehm nach Vanille duftende Blüten in endständigen Dolden. Reife Früchte eiförmig und rot. Blütezeit Mai/Juni. **Vorkommen** Auf steinigen, kalkreichen Böden und in Felsspalten bis in 2000 m Höhe. Wärmeliebend, daher eher in den Südalpen. **Wissenswertes** Achtung: Auf keinem Fall die appetitlich aussehenden Früchte essen, die Pflanze ist tödlich giftig!

3 Alpen-Heckenrose, Gebirgsrose

> rosafarbene Blüten
> ziegelrote Hagebutten
> sommergrüner Busch

Rosa pendulina

Merkmale Rosengewächse *(Rosaceae)*. 0,5–2,5 m hoch, spärlich bestachelt. Blätter hellgrün, Blüten 4–5 cm, rosa bis purpurn. Hagebutten flaschenförmig, ziegelrot. Blütezeit Mai/Juli, Fruchtreife September/Oktober. **Vorkommen** In Gebirgen Mittel- und Südeuropas bis 2600 m, oft an der Baumgrenze. Neben den Alpen auch im Schwarzwald, auf der Alb, im Bayerischen, Oberpfälzer und Böhmerwald. **Wissenswertes** Die Alpen-Heckenrose ist unsere am höchsten im Gebirge vorkommende Rose. Nicht mit den Alpenrosen (wintergrüne Rhododendron-Arten) verwandt.

4 Silberwurz

> immergrüner Zwergstrauch
> strahlend weiße Blüten
> wird 100 Jahre alt

Dryas octopetala

Merkmale Rosengewächse *(Rosaceae)*. Immergrün, nur 5–10 cm hoch. Blätter ledrig-runzlig, länglich, 0,5–2,5 cm lang, unten silberweiß filzig behaart. Blüten (4a) weiß, 2–4 cm breit, meist mit acht Blütenblättern. Früchte federig behaart (4b). Blütezeit Mai bis August, Fruchtreife September/Oktober. **Vorkommen** Alpen, Pyrenäen, Karpaten, Apennin, Gebirge der Balkanhalbinsel, Hochgebirge der nördlichen Halbkugel. Meist in 1200–2500 m Höhe. **Wissenswertes** Äußerst genügsam, gedeiht auf Kalkschutt und Flusskies, wird bis zu 100 Jahre alt.

1

2

3

4a

4b

1 Trollblume

> gelbe Blütenkugeln
> streng geschützt
> schwach giftig

Trollius europaeus

Merkmale Hahnenfußgewächse *(Ranunculaceae)*. 20–60 cm hoch mit außergewöhnlichen, leuchtend gelben Blüten: Die Blütenblätter neigen sich nach innen und formen eine 3–5 cm große Blütenkugel. Blätter handförmig geteilt mit gesägtem Rand. Blütezeit Mai bis Juli. **Vorkommen** Auf feuchten Bergwiesen bis 2800 m. **Wissenswertes** Der Name bezieht sich entweder auf „Troll", den nordischen Berggeist, oder auf das althochdeutsche „trol" = Kugel. Soll giftiges Protoanemonin enthalten, wird vom Weidevieh verschmäht.

2 Schneerose, Christrose

> blüht im Winter
> schüsselförmige Blüten
> giftig!

Helleborus niger

Merkmale Hahnenfußgewächse *(Ranunculaceae)*. 10–30 cm hoch und auffällig, da sie im Winter blüht. Stängel dick und rötlich grün, Blüten 5–10 cm groß, weiß und schüsselförmig, später hellrot verfärbend. Blätter handförmig geteilt, wintergrün. Blütezeit Ende Dezember bis April. **Vorkommen** In kalkhaltigen Laubwäldern und Gebüschen der Alpen bis 1900 m Höhe. **Wissenswertes** Giftig! Gezüchtete Gartenformen haben meist etwas größere Blüten, die sich schon zu Weihnachten öffnen (Christrose).

3 Gelber Eisenhut, Wolfs-Eisenhut

> Bestäubung durch Hummeln
> in Schluchtwäldern
> sehr giftig!

Aconitum lycoctonum (= A. vulparia)

Merkmale Hahnenfußgewächse *(Ranunculaceae)*. 50–150 cm hoch, Stängel aufrecht. Blüten in einfachen oder verzweigten Trauben am Stängelende, blassgelb mit hohem Helm. Blätter handförmig 5–7-teilig. **Vorkommen** Auf feuchten Wiesen, in schattigen Wäldern, in Schluchten bis in etwa 100 m Höhe. **Wissenswertes** Der deutsche Name Wolfs-Eisenhut rührt aus Zeiten, in denen man mit Extrakten dieser extrem giftigen Pflanze Wölfe und Füchse vergiftet hat. Der Nektar liegt soweit innerhalb der Blüte, dass er nur von langrüsseligen Hummeln erreicht werden kann.

4 Blauer Eisenhut

> giftigste heimische Pflanze!
> auf keinen Fall berühren!
> Blüten helmartig

Aconitum napellus

Merkmale Hahnenfußgewächse *(Ranunculaceae)*. 0,5–2 m hoch mit kräftigem, aufrechtem Stängel. Blüten (4b) in lockerer Traube am Stängelende, blauviolett, 2–3 cm groß, das oberste Blütenblatt bildet einen Helm. Blätter handförmig geteilt. Blütezeit Juni bis September. **Vorkommen** In Gebirgswäldern, an Bachufern, auf feuchten Weiden der Alpen und Mittelgebirge. **Wissenswertes** Die ganze Pflanze enthält das stark giftige Aconitin, insbesondere Wurzel und Samen (4a). Schon beim Pflücken kann das Gift durch die Haut eindringen und schwere Vergiftungen hervorrufen.

1

2

3

4a

4b

1 Alpen-Küchenschelle, Große Alpen-Anemone

> „Teufelsbart"
> farnähnliche Blätter
> giftig!

Pulsatilla alpina

Merkmale Hahnenfußgewächse *(Ranunculaceae)*. 10–50 cm hoch, dicht behaart, je eine Blüte am Stängelende. Blüten etwa 5 cm groß, aus meist sechs weißen Blütenblättern, außen oft blaurot überlaufen. Blätter farnähnlich. Blütezeit Mai bis Juli. **Vorkommen** Auf kalkhaltigem Geröll, Rasen und Weiden der Alpen bis 2700 m. **Wissenswertes** Wegen der 5 cm langen, silbrigen Federhaare an den Früchten auch „Teufelsbart" genannt. Die Pflanze enthält das giftige Protoanemonin, welches zu Lähmungen führt.

2 Berg-Hahnenfuß

> blüht goldgelb
> giftig!
> wächst bis 2 800 m Höhe

Ranunculus montanus

Merkmale Hahnenfußgewächse *(Ranunculaceae)*. 10–30 cm hoch, goldgelbe, 2–3 cm große Blüten aus meist fünf Blütenblättern. Blätter tief drei- bis fünfgeteilt und unregelmäßig eingeschnitten. Blütezeit Mai bis September. **Vorkommen** Auf Schneeböden, feuchten Weiden und Feuchtwiesen, aber auch auf Geröll und in Wäldern von 600–2800 m Höhe. **Wissenswertes** Berg-Hahnenfuß enthält giftiges Protoanemonin. Es reizt die Schleimhäute bei Kontakt, eingenommen lähmt es Kreislauf und Atmung. In höheren Dosen tödlich.

3 Gletscher-Hahnenfuß

> große, weiße Blüten
> Blätter fleischig
> amhöchsten steigende Blütenpflanze der Alpen

Ranunculus glacialis

Merkmale Hahnenfußgewächse *(Ranunculaceae)*. 5–20 cm hoch, wenige, große Blüten, dicker, rötlich grüner Stängel. Blüten 2–3 cm groß, aus fünf Blütenblättern, erst weiß, gegen Ende der Blühzeit rosa oder rotbraun. Blätter dicklich fleischig, tief dreigeteilt und zipfelig eingeschnitten. Blütezeit Juli bis Oktober. **Vorkommen** Höchststeigende Blütenpflanze der Alpen, auf kalkarmem Geröll und Schneeböden in 2000–4300 m Höhe. **Wissenswertes** Der Gletscher-Hahnenfuß ist giftig. Wird von Schmetterlingen, Fliegen und Käfern bestäubt.

4 Alpen-Hahnenfuß

> Blütenblätter herzförmig
> Blattumriss rundlich
> giftig!

Ranunculus alpestris

Merkmale Hahnenfußgewächse (*Ranunculaceae*). 5–15 cm hoch mit aufrechtem, meist einblütigem Stängel. Blüte weiß, 2–2,5 cm im Durchmesser mit 5 herzförmig eingekerbten Kronblättern. Grundständige Blätter im Umriss rundlich, 3–5-fach gespalten, glänzend. Blütezeit Juni bis September. **Vorkommen** Auf Bergwiesen, Schotterflächen und Felsen mit kalkhaltigen, feuchten Böden zwischen 1500 und 3000 m Höhe. **Wissenswertes** Die Blüten werden vor allem von verschiedenen Fliegenarten bestäubt. Es gibt weitere ähnliche Hahnenfußarten in den Alpen.

1

2

3

4

1 Akeleiblättrige Wiesenraute

> keine Blütenkronblätter
> auf feuchten Standorten
> blaugrüne Blätter

Thalictrum aquilegifolium

Merkmale Hahnenfußgewächse *(Ranunculaceae)*. 50–150 cm hohe Staude. Zahlreiche Blüten in dichten, verzweigten Dolden. Blütenkronblätter unscheinbar und früh abfallend, die Schauwirkung geht auf die besonders kräftig ausgebildeten, rötlich rosa gefärbten Staubblätter zurück. Blätter blaugrün, 1–3-fach gefiedert. Blütezeit Mai bis Juli. **Vorkommen** An Bachufern, in Auwäldern und auf Wiesen mit feuchten Böden vom Tal bis in etwa 2300 m Höhe. **Wissenswertes** Eine weitere Art ist die 5–15 cm hohe Alpen-Wiesenraute *(Thalictrum alpinum)* mit roten, waagerecht abstehenden Blütenkronblättern und violetten Staubfäden.

2 Weißer Alpen-Mohn

> wächst in kleinen Polstern
> weiße Blüten mit gelbem Grund
> giftig!

Papaver sendtneri

Merkmale Mohngewächse *(Papaveraceae)*. 5–20 cm hoch, in kleinen Polstern wachsend. Aus diesen sprießen mehrere aufrechte, mit steifen gelben Haaren besetzte Stängel mit je einer Blüte am Ende. Blüten 5 cm groß, aus vier weißen Blütenblättern, die am Grund gelblich oder schwärzlich gefärbt sind. Blätter alle am Grund, länglich und zerschlitzt. Blütezeit Juli bis August. **Vorkommen** Auf Kalksteinschutt der Alpen, auch auf solchem, der sich noch bewegt, von 1300–2600 m Höhe. **Wissenswertes** Enthält giftige Alkaloide, die nach Aufnahme zu Erbrechen und Krämpfen führen.

3 Gelber Alpen-Mohn

> bildet kleine Polster
> häufigste gelb blühende Mohnart
> giftig!

Papaver rhaeticum

Merkmale Mohngewächse *(Papaveraceae)*. 5–20 cm hoch, Polster bildend. Stängel milchsaftführend, ohne Blätter mit jeweils einer Blüte. Blüten gelb, Durchmesser etwa 4–5 cm, mit vier Kronblättern. Blätter in grundständiger Rosette, bis 8 cm lang gestielt. Blütezeit Juli/August. **Vorkommen** Wächst auf Kiesbänken und Schotterflächen von 1800–3000 m Höhe. **Wissenswertes** Weitere ähnliche Arten. Manche Autoren fassen gelb und weiß blühenden Mohnarten zur Sammelart Alpen-Mohn *(Papaver alpinum)* zusammen.

4 Spinnweben-Hauswurz

> Blätter in Rosetten
> wie mit Spinnweben überzogen
> Zierpflanze in Steingärten

Sempervivum arachnoideum

Merkmale Dickblattgewächse *(Crassulaceae)*. 4–12 cm hoch, polsterförmig mit dickfleischigen Blättern. Die Blätter wachsen in 0,5–2,5 cm großen Rosetten, die Blattspitzen sind durch spinnwebenartige Haare untereinander verbunden (Name!). Aus den Rosetten wachsen dickfleischige Stängel mit 5–15 Blüten. Blüten 1–2 cm groß, sternförmig, rot. Blütezeit Juni bis September. **Vorkommen** Auf kalkfreiem, steinigem Boden von 1000–3000 m Höhe. **Wissenswertes** Die fleischigen Blätter dienen der Speicherung von Wasser. Beliebte Zierpflanze für Steingärten.

1

2

3

4

1 Weißer Mauerpfeffer, Weiße Fetthenne

> beliebte Polsterpflanze in Steingärten
> Blätter fleischig
> liebt es sonnig und trocken

Sedum album

Merkmale Dickblattgewächse *(Crassulaceae)*. 5–20 cm hohe, polsterartige Rasen bildende Pflanze. Zahlreiche Blüten in dichter Rispe am Ende der bogig aufsteigenden Stängel. Blüten weißlich oder blassrosa, 6–9 mm breit. Blätter fleischig, 5–15 mm lang, grün und oftmals rötlich überlaufen. Blütezeit Juni bis Oktober. **Vorkommen** In trockenen, sonnigen Felsspalten, Mauern und Schotterflächen vom Tal bis in etwa 2500 m Höhe. **Wissenswertes** Der Weiße Mauerpfeffer ist die fast ausschließliche Futterpflanze für die Raupen des Roten Apollo-Falters (S. 46).

2 Roter Steinbrech

> flache Polster
> tiefrosa Blüten
> bricht nicht den Stein!

Saxifraga oppositifolia

Merkmale Steinbrechgewächse *(Saxifragaceae)*. Niedrige, 1–5 cm hohe Polsterpflanze. Stängel am Boden ausgebreitet, Blätter eiförmig, 1–6 mm lang, blaugrün und dicklich. Blüten rosa bis pinkfarben, 1–2 cm groß. Blütezeit April bis August. **Vorkommen** Auf feuchtem, kalkhaltigem Fels und Geröll von 1500 bis über 3500 m Höhe. **Wissenswertes** Der Name „Steinbrech" rührt von der Vorstellung her, die Pflanzen würden die Felsen, auf denen sie leben, aufbrechen. Richtig ist, dass sie in bereits vorhandenen Felsspalten einfach am besten Fuß fassen können.

3 Blaugrüner Steinbrech

> blaugrüne Blätter
> bildet dichte, flache Polster
> gefährdete und geschützte Art

Saxifraga caesia

Merkmale Dickblattgewächse *(Crassulaceae)*. 2–12 cm hohe, kompakte Polster bildende Pflanze. Stängel kaum beblättert mit zwei bis fünf endständigen, weißen Blüten, diese 5–9 mm im Durchmesser. Blaugrüne Blätter in Rosetten, 3–6 mm lang und 1 mm breit, spatelförmig, vom Grund an zurückgekrümmt. **Vorkommen** Auf kalkhaltigen Böden in Felsspalten, auf Schotterflächen und alpinem Rasen bis in 3000 m Höhe. **Wissenswertes** Sehr ähnlich dem Sparrigen Steinbrech *(S. squarrosa)*, dessen eher graugrüne Blätter nur an der Spitze zurückgebogen sind.

4 Fetthennen-Steinbrech

> Blüten rot getupft
> fleischige, immergrüne Blätter
> an feuchten Standorten

Saxifraga aizoides

Merkmale Dickblattgewächse *(Crassulaceae)*. 5–20 cm hohe, lockerrasige oder Polster bildende Pflanze aus kriechenden Haupttrieben mit aufsteigenden, reich beblätterten Sprossen. 2–10 leuchtend gelbe oder orangene, meist fein rot getüpfelte Blüten am Stängelende, 7–15 mm im Durchmesser. Blätter fleischig, immergrün, 1–2,5 cm lang. Blütezeit Juni bis September. **Vorkommen** Auf feuchten Schotterflächen und Kiesbänken, an Bachrändern und in Felsspalten zwischen 600 und 3000 m Höhe. **Wissenswertes** Hauptfutterpflanze der Raupen des seltenen Hochalpen-Apollo-Falters (S. 46).

1a
1b
2
3
4

1 Sumpf-Herzblatt

> nur ein Stängelblatt
> herzförmige Blätter
> oft an Straßenböschungen

Parnassia palustris

Merkmale Herzblattgewächse *(Parnassiaceae)*. 10–40 cm hoch, Stängel kantig. Einzelne, 1–3 cm breite, weiße Blüte mit deutlichen Längsadern am Stängelende. Herzförmige, rosettig angeordnete Grundblätter sowie ein den Stängel im unteren Drittel umfassendes Blatt. Blütezeit Juli bis September. **Vorkommen** Auf nassen, nährstoffreichen Böden auf Feuchtwiesen, in Sümpfen, an Bachufern und in Schluchtwäldern von der Ebene bis in 2700 m Höhe. **Wissenswertes** Die Pflanzen werden hauptsächlich von Fliegen bestäubt.

2 Echte Pfingstrose

> seltene, geschützte Art
> schwach giftig
> in Gärten als „Bauernrose"

Paeonia officinalis

Merkmale Pfingstrosengewächse *(Paeoniaceae)*. 30–80 cm hohe Staude mit aufrechtem, unverzweigten Stängel. Endständige, 7–10 cm breite Blüten mit fünf bis zehn roten oder rosafarbenen Kron- und zahlreichen gelben Staubblättern. Große, doppelt dreizählig geteilte Blätter. Blütezeit Mai/Juni. **Vorkommen** Auf steinigen, trockenen Böden in lichten Wäldern und auf felsigen Berghängen bis etwa 1500 m Höhe. **Wissenswertes** Die Pflanze bildet riesige Mengen an Pollen und lockt damit zahllose Käfer, Fliegen, Hummeln und Bienen zur Bestäubung an. Pfingstrosen sind als Zierpflanzen in Gärten sehr beliebt.

3 Gewöhnliches Sonnenröschen

> leuchtend gelbe Blüten
> verholzter Stängel
> Blütenblätter fallen leicht ab

Helianthemum nummularium

Merkmale Zistrosengewächse *(Cistaceae)*. Stängel am Grund verholzt, niederliegend und bogig aufsteigend, 10–30 cm hoch. 3–15 leuchtend gelbe Blüten am Stängelende gehäuft, 2–3,5 cm im Durchmesser, zwei kürzere und drei längere Kelchblätter meist rötlich gestreift. Blätter oval bis lineal, am Grund mit jeweils zwei kleinen Nebenblättern. Blütezeit Juni bis September. **Vorkommen** Auf trockenen, steinigen Böden in lichten Wäldern, auf Trockenrasen und zwischen Fels, vom Tal bis in 2200 m Höhe. **Wissenswertes** Die Blätter des ähnlichen Alpen-Sonnenröschens *(H. oelandicum* ssp. *alpestre)* besitzen am Grund keine Nebenblätter.

4 Immergrünes Felsenblümchen

> blüht früh im Jahr
> in Felsspalten
> geschützte Art

Draba aizoides

Merkmale Kreuzblütler *(Brassicaceae)*. 5–10 cm hohe, kleine Rasen bildende Pflanze. Mehrere goldgelbe, etwa 8 mm breite Blüten am Ende des blattlosen Stängels. Schmale, etwa 2 cm lange, ledrige, immergrüne Blätter in dichten Rosetten, am Rand lang bewimpert. Blütezeit März bis August. **Vorkommen** Auf sonnigen, steinigen Böden in Felsspalten und auf Trockenrasen bis in über 3000 m Höhe. **Wissenswertes** Die Art ist im Aussehen sehr variabel und es wurden etliche Varietäten und Unterarten beschrieben. In Steingärten wird das schöne Felsenblümchen auch wegen seiner frühen Blühzeit gerne angepflanzt.

1

2

3

4

1 Alpenglöckchen

Soldanella alpina

- › fransige Blütenröckchen
- › blüht, wenn noch Schnee liegt
- › herzförmige Blätter

Merkmale Primelgewächse *(Primulaceae)*. 5–15 cm hoch, zartlila glöckchenförmige Blüten, unterer Rand fransig eingeschnitten. Blüten bis 1,5 cm lang. Die Blätter stehen alle in einer Rosette am Grund, sind immergrün, ledrig und herzförmig. Aus der Rosette entspringt der blattlose Stängel mit zwei bis drei Blüten. Blütezeit April bis Juli. **Vorkommen** Auf kalkreichen, feucht-nassen Böden der Alpen, in Höhe von 1500–2500 m. **Wissenswertes** Es kommt meist in größeren Beständen vor.

2 Mehl-Primel, Mehl-Schlüsselblume

Primula farinosa

- › Stängel und Blattunterseiten mehlig
- › Blattrosette
- › purpurne Blüten

Merkmale Primelgewächse *(Primulaceae)*. Bis 20 cm hoch. Aus einer dichten Blattrosette am Boden wächst ein blattloser Stängel, an dessen Ende mehrere (meist 3–15) Blüten dicht an dicht stehen. Blätter länglich, bis 8 cm lang, unterseits weiß mehlig (Name!), Blüten bis 1,5 cm groß, purpurn. Blütezeit (April) Mai bis Juli. **Vorkommen** Auf feuchten, humosen und kalkhaltigen Böden, in den Alpen bis 3000 m Höhe. **Wissenswertes** Der Name „Primula“ (Primus = der Erste) weist auf die frühe Blütezeit hin, die auch für ihre gelb blühenden Verwandten im Tiefland typisch ist.

3 Aurikel

Primula auricula

- › Wasser speichernde, fleischige Blätter
- › angenehm duftend
- › geschützte Art

Merkmale Primelgewächse *(Primulaceae)*. 5–25 cm hohe Schlüsselblume mit bis zu 30 leuchtend gelben Blüten in einseitswendiger Dolde am Stängelende. Charakteristische fleischige, ohrförmige Blätter in grundständiger Rosette. Blütezeit April bis Juni. **Vorkommen** Auf felsigen und steinigen Böden vom Tal bis über 2500 m Höhe, in Felsspalten und auf Steinrasen, aber auch in Flachmooren. **Wissenswertes** Die Aurikel ist eine der wichtigen Ausgangsarten für die Züchtungen des sogenannten „Garten-Aurikel“, der in zahllosen Farbvarianten im Gartenhandel angeboten wird.

4 Alpen-Mannsschild

Androsace alpina

- › dichte Polster
- › braucht feuchte Böden
- › beliebt in Steingärten

Merkmale Primelgewächse *(Primulaceae)*. Nur 2–5 cm hoch, kleine, etwa 5 mm große, rosafarbene Blüten. Blätter rasenartig dicht stehend, 5–10 mm groß, am Rand und auf der Unterseite behaart. Blütezeit Juni bis August. **Vorkommen** Häufig auf kalkarmen, nassen und lange schneebedeckten Böden der Zentralalpen zwischen 2200 und 3000 m Höhe, gelegentlich bis 4000 m. **Wissenswertes** Beliebte Polsterpflanze. Bekannt ist auch das aus dem Himalaja stammende China-Mannsschild *(A. sarmentosa)*.

1

2

3

4

1 Kriechendes Gipskraut

> Blätter bläulich bereift
> häufig an Wildbächen
> „Alpenschwemmling“

Gypsophila repens

Merkmale Nelkengewächse *(Caryophyllaceae)*. 10–25 cm hohe Polster bildend, Stängel aufsteigend, meist nur im oberen Blütenbereich wenig verzweigt. Relativ kompakte Blütenstände aus vier bis zwölf weißen, manchmal rot oder rosa überlaufenen, etwa 1 cm breiten Blüten am Stängelende. Blätter kahl, bläulich grün, lanzettlich bis etwa 3 cm lang, oft leicht sichelförmig gekrümmt. Blütezeit Mai bis September. **Vorkommen** Wächst auf Steinschuttflächen, auf lückien Rasen, an Bachufern sowie auf Kiesbänken, von wo aus es bis ins Tal herabgeschwemmt wird. In den Alpen zwischen 1500 und 3000 m Höhe, seltener auch in den Mittelgebirgen. **Wissenswertes** Als „Alpenschwemmlinge“ werden Pflanzen bezeichnet, die an Gebirgsbächen und -flüssen siedeln, bei hohem Wasseraufkommen mit ins Tal gerissen werden und dort wieder anwachsen.

2 Rotes Seifenkraut

> Blüten klebrig
> wärmeliebend
> beliebte Zierpflanze in Steingärten

Saponaria ocymoides

Merkmale Nelkengewächse *(Caryophyllaceae)*. 10–20 cm, selten bis 30 cm hohe, Polster bildende Pflanze mit niederliegenden oder schwach aufsteigenden Stängeln. Blüten in lockeren Büscheln am Stängelende, rosa bis purpurrot, 8–12 mm im Durchmesser, mit etwa 12 mm langer, dicht drüsig behaarter, rot überlaufener Kelchröhre. Blätter oval bis länglich, 2–3 cm lang. Blütezeit Mai bis Oktober. **Vorkommen** Bevorzugt in wärmeren Regionen in lichten Wäldern, an Wegrändern und Straßenböschungen, an Felshängen. Von den Tallagen bis in etwa 2200 m Höhe. **Wissenswertes** Das Niedrige oder Zwerg-Seifenkraut *(S. pumilio)* wird höchstens 10 cm hoch, bildet dichte Polster und hat nur eine rosarote Blüte am Stängelende. Es wächst auf steinigen Magerrasen und in Zwergstrauchheiden und steigt bis auf 2700 m Höhe. Der Inhaltsstoff Saponin bringt Wasser ähnlich wie Seife zum Schäumen, daher der Name.

3 Stängelloses Leimkraut

> bildet halbkugelige Polster
> duftet intensiv
> lockt Insekten an

Silene acaulis

Merkmale Nelkengewächse *(Caryophyllaceae)*. 1–5 cm hohe, halbkugelige Polsterpflanze. Blüten purpurrot, etwa 1–1,5 cm groß. Blätter schmal und lang, etwa 0,5–1 cm lang und nur 1 mm breit. Blütezeit Juni bis September. **Vorkommen** In Felsspalten und auf steinigen Rasen in Höhen von etwa 2000 bis 3000 m. In den Nördlichen und Südlichen Kalkalpen häufig, sonst selten. **Wissenswertes** Auf den ersten Blick sieht das Stängellose Leimkraut dem Roten Steinbrech zum Verwechseln ähnlich – dieser hat jedoch etwas breitere, mehr eiförmige Blätter. Doch die beiden sind nicht miteinander verwandt, sondern gehören zwei verschiedenen Pflanzenfamilien an. In der Biologie bezeichnet man ein solches Phänomen als Konvergenz, d. h. ganz ähnliche Wuchsformen bilden sich im Laufe von Jahrmillionen als Anpassung an die Umweltbedingungen heraus.

1

2

3

1 Gelber Enzian

> streng geschützt
> alte Heilpflanze
> Enzian-Schnaps

Gentiana lutea

Merkmale Enziangewächse *(Gentianaceae)*. 0,5 m bis über 1 m hoch mit großen (bis über 25 cm langen), ovalen und spitzen Blättern. Die gelben, etwa 5 cm großen Blüten stehen büschelig (1b) zu dritt bis zehnt in den Achseln der oberen Blätter. Blütezeit Juni bis August. **Vorkommen** Auf trockenen Rasen und in lichten Gebüschen der Alpen bis über 2 500 m Höhe. **Wissenswertes** Der Gelbe Enzian enthält in seinen dicken Speicherwurzeln glykosidische Bitterstoffe, die hochwirksam bei Verdauungsstörungen sind. Daher wurde die Pflanze von alters her häufig ausgegraben – und ist damit vielerorts selten geworden. Enzian-Schnäpse und Magenbitter erfreuen sich auch heute noch großer Beliebtheit, die Pflanzen hierfür stammen meist aus Feldkulturen.

2 Frühlings-Enzian

> typische Alpenpflanze
> darf nicht gepflückt werden
> braucht magere Bergwiesen

Gentiana verna

Merkmale Enziangewächse *(Gentianaceae)*. 3–10 cm hoch mit einer einzigen, intensiv himmelblauen, 2–3 cm großen Blüte am Stängelende. Die meisten Blätter stehen in einer Rosette am Grund, sie sind bis zu 3 cm lang und schmal eiförmig. Blütezeit März bis Juni. **Vorkommen** Auf kalkhaltigen, feuchten oder trockenen Wiesen und Bergweiden von etwa 1 200–3 000 m Höhe. **Wissenswertes** Der Frühlings-Enzian braucht lockere und eher magere Böden. Wo Bergwiesen und Weiden zwecks größerer Ausbeute gedüngt werden, kann er sich nicht mehr behaupten und ist deshalb – und weil zu häufig gepflückt – selten geworden. Die Pflanze ist streng geschützt und darf nicht gepflückt werden. Bei warmer Witterung blüht sie im Herbst ein zweites Mal.

3 Keulen-Enzian, Stängelloser Silikat-Enzian

> geschützte Art
> Blüten schließen sich bei Kälte
> Blüten innen mit grünlichen Flecken

Gentiana acaulis

Merkmale Enziangewächse *(Gentianaceae)*. 5–10 cm hoch, mit einzelner, endständiger, dunkelblauer Blüte am sehr kurzen Stängel. Blüte glockenförmig, 5–6 cm lang, Innenseite mit olivgrünen Flecken und Streifen. Grundblätter in Rosette, 5–10 cm lang, lanzettlich bis eiförmig, ledrig-derb. Blütezeit Mai bis August. **Vorkommen** Auf steinigen Rasen- und Schuttflächen sowie auf Feuchtwiesen. Braucht kalkarme, saure Böden; von etwa 1 200 m bis auf 3 000 m Höhe. **Wissenswertes** Sehr ähnlich dem Stängellosen Kalk-Enzian oder Clusius-Enzian *(G. clusii)*, der auf kalkreichen Steinböden vorkommt. Der Blütenkrone fehlt innen die grünliche Fleckung, seine Rosettenblätter bleiben mit 3–5 cm Länge kleiner. Nur etwa 1–3 cm lang sind hingegen die rosettig angeordneten, rundlichen, gelbgrünen, leicht fleischigen Grundblätter des ebenfalls stängellos wirkenden Alpen-Enzians *(G. alpina)*. Diese wärmeliebendere Art ist in den Pyrenäen sowie den West- und Südalpen verbreitet.

1a

1b

2

3

1 Alpen-Vergissmeinnicht

> rau behaarte Blätter
> himmelblau mit gelbem Ring
> häufig

Myosotis alpestris

Merkmale Raublattgewächse *(Boraginaceae)*. 2–35 cm hoch, rasenförmig wachsend. Himmelblaue, 8–9 mm große Blüten mit auffälligem Ring aus gelben Schlundschuppen in der Blütenmitte. Blätter und Stängel rau behaart. Blütezeit Mai bis September. **Vorkommen** Im gesamten Alpenraum zerstreut bis häufig auf Wiesen und in lichten Wäldern mit feuchten Böden zwischen 1 500 m und 3 000 m Höhe. **Wissenswertes** Die gelben Schlundschuppen der Blüte weisen bestäubenden Insekten den Weg zum Nektar in der Blütenröhre.

2 Alpen-Leinkraut

> gelber Wulst auf Unterlippe
> Polsterpflanze
> Blätter bläulich bereift

Linaria alpina

Merkmale Braunwurzgewächse *(Scrophulariaceae)*. 5–15 cm hoch aufsteigende, niederliegende, kriechende und lockere Polster bildende Pflanze. 5–15 leuchtend violette Blüten am Stängelende. Blüte mit langem Sporn, 2-zipfliger Ober- und 3-zipfliger Unterlippe, diese mit auffälliger gelben Wölbung. Blätter bis 2 cm lang, lanzettlich, blaugrün bereift, etwas fleischig. Blütezeit Juni bis September. **Vorkommen** Besiedelt Schutt- und Geröllflächen bis in über 4 000 m Höhe, auch Kiesbänke und Ufer von Flüssen, von wo es in die Tallagen herabgeschwemmt wird. **Wissenswertes** Wird von Hummeln und Faltern bestäubt.

3 Großblütiger Fingerhut

> sehr giftig!
> große, gelbe Blüten
> wird von Hummeln bestäubt

Digitalis grandiflora

Merkmale Braunwurzgewächse *(Scrophulariaceae)*. 30–100 cm hohe, mehrstängelige Staude. 20–40 gelbe, 5–10 mm lang gestielte, glockenförmige, bis 4 cm lange Blüten in langer, einseitswendiger Traube am Stängelende. Blätter 10–25 cm lang, zugespitzt. Blütezeit Juni bis September. **Vorkommen** Besiedelt Waldlichtungen, Waldränder und Hochstaudenfluren bis auf 2 000 m Höhe. **Wissenswertes** Alle Fingerhut-Arten sind äußerst giftig und können insbesondere bei Kindern zu tödlichen Vergiftungen führen.

4 Herzblättrige Kugelblume

> beliebte Steingartenpflanze
> immergrün
> kriecht mit verholztem Stängel

Globularia cordifolia

Merkmale Kugelblumengewächse *(Globulariaceae)*. 5–10 cm hohe, mit verholztem Stängel kriechende, dichte Polster bildende, immergrüne Pflanze. Zahlreiche kleine blaue Blüten in 1–2 cm großen, kugelförmigen Köpfchen. Blätter grundständig, lederartig, bis 4 cm lang und 5 mm breit, an der Spitze herzförmig. Blütezeit Mai bis August. **Vorkommen** Auf kalkreichen, steinigen Böden in trockenen Rasen und in Felsspalten bis etwa 2 500 m Höhe. **Wissenswertes** Die Grundblätter der krautig wachsenden Nacktstängligen Kugelblume *(G. nudicaulis)* sind etwa 15 cm lang und an der Spitze abgerundet.

1

2

3

4

1 Alpen-Aster

> schöne, großblumige Aster
> lila-gelbe Blüten
> Nektar für Schmetterlinge

Aster alpinus

Merkmale Korbblütlergewäche *(Asteraceae)*. 5–20 cm hoch mit meist einzeln am Stängelende stehenden, lilagelben Blüten. Blüten 3–5 cm groß, innen gelbe Scheibenblüten, umgeben von einem Kranz lilafarbener Zungenblüten. Blätter behaart, schmal und lang. Blütezeit Juni bis August. **Vorkommen** Fast nur in den Alpen auf kalkhaltigen, flachgründigen und steinigen Weiden zwischen 1500 und 3000 m Höhe. Ziemlich häufig und gesellig; wo sie wächst, bildet sie meist größere Bestände. **Wissenswertes** Die Früchte tragen fedrige Haarkronen, so dass die Pflanze im Herbst aussieht, als trüge sie eine wollige Mütze. Oft bleiben die Früchte den ganzen Winter über an der Pflanze, die Samen werden nach und nach vom Wind verbreitet.

2 Edelweiß

> weißer Blütenstern
> Symbol der Alpen
> viel begehrte Seltenheit

Leontopodium alpinum

Merkmale Korbblütlergewächse *(Asteraceae)*. Meist 5–20 cm hoch und insgesamt weißfilzig wirkend. Die eigentlichen Blüten sind nur 4–8 mm klein und gelblich, auffallend sind vielmehr die sie umgebenden, sternförmig angeordneten, weißfilzigen Hochblätter (5–15 an der Zahl), die streng genommen gar nicht Bestandteil der Blüte sind. Blätter schmal und lang, vor allem unterseits dicht weißfilzig. Blütezeit Juli bis August. **Vorkommen** Heute sehr selten in feuchten, sonnigen Felsspalten der Alpen etwa zwischen 1500 und 3400 m Höhe. **Wissenswertes** Jeder kennt sicher das berühmte Edelweiß, ob aus Filmen, Liedern oder von Krawattennadeln und Filzhüten. Doch nur die wenigsten haben es wohl je in der Natur gesehen. Denn das Symbol der Alpen ist zum einen durch unvernünftige Pflücksucht selten geworden, zum anderen aber auch viel schlichter und unscheinbarer, als die meisten sich diese Pflanze wohl vorgestellt hätten.

3 Arnika

> wertvolle Heilpflanze
> duftet aromatisch
> leicht giftig

Arnica montana

Merkmale Korbblütlergewächse *(Asteraceae)*. 20–60 cm hoch mit 5–8 cm großen, gelben Blüten und borstig behaartem Stängel. Aromatisch duftend. Blätter fast alle am Grund als Rosette. Blütezeit Mai bis August. **Vorkommen** Auf kalkarmen, ungedüngten Bergwiesen und -weiden, in lichten Wäldern und Mooren. Im Tiefland, in den Mittelgebirgen und Alpen bis über etwa 2500 m. **Wissenswertes** Arnika ist eines der ältesten Volksheilmittel. Bekannt auch als „Wundkraut", wirkt die Tinktur entzündungshemmend und wundheilend. Arnika wird äußerlich und innerlich angewandt, gehört aber, da schwach giftig, in die Hand eines erfahrenen Therapeuten. In der Homöopathie ist „Arnica D6" das Erste-Hilfe-Mittel bei Verletzungen und Unfällen jeder Art. Die Pflanze kann aber auch allergische Hautreaktionen auslösen. Wird von Schmetterlingen, Bienen, Hummeln oder Käfern bestäubt.

1

2

3

1 Kahler Alpendost

> große Blätter
> für Schmetterlinge attraktiv
> Blätter unterseits graugrün

Adenostyles glabra

Merkmale Korbblütengewächse *(Asteraceae)*. 30–80 cm hohe, kräftige Staude. Gesamtblütenstand mit zahlreichen Körbchen, diese wiederum jeweils aus meist 3 rosa oder violetten Röhrenblüten zusammengesetzt. Blätter lang gestielt, herz- oder nierenförmig, bis 30 cm breit, auf der Unterseite nur auf den Blattnerven behaart. Blütezeit Juli und August. **Vorkommen** Auf steinigen, kalkhaltigen Böden auf Schotterflächen und in Bergwäldern zwischen 800 m und 2300 m Höhe. **Wissenswertes** Der Graue Alpendost *(A. alliariae)* wird 60–150 cm hoch, seine bis 50 cm breiten Blätter sind auf der Unterseite filzig behaart.

2 Silberdistel

> Blätter silbergrau
> nur eine Blüte
> schließt Blüte bei Regen

Carlina acaulis

Merkmale Korbblütlergewächse *(Asteraceae)*. 10–40 cm hohe Distel mit nur einer großen, silbrig grauen Blüte (Name!). Blüten 5–15 cm groß, höchstens kurz gestielt. Blätter tief zerschlitzt, stechend. Blütezeit Juni bis Oktober. **Vorkommen** Vor allem im Gebirge auf trockenen, nährstoffarmen Böden, an Wegen und Böschungen. **Wissenswertes** Als „Wetterdistel" bekannt: Die äußersten, silbrigen Hüllblätter der Blüte krümmen sich bei feuchter Luft nach innen, bei trockener Luft spreizen sie sich auseinander.

3 Berg-Flockenblume

> wie eine große Kornblume
> zeigt Bodenfeuchte an
> beliebt als Gartenstaude

Centaurea montana

Merkmale Korbblütlergewächse *(Asteraceae)*. 10–60 cm hoch, 3–5 cm große, leuchtend „kornblumenblaue" Blüten. Stängel dicht behaart. Blätter schmal eiförmig, ungeteilt. Blütezeit Mai bis Juli, blüht gelegentlich ein zweites Mal im Herbst. **Vorkommen** Wild auf Bergwiesen und in Wäldern bis über 2000 m Höhe, gern auf feuchten, frischen Böden. Oft auch aus Gärten verwildert. **Wissenswertes** Beliebte, pflegeleichte Gartenstaude, die auch im Halbschatten und auf feuchten Böden gedeiht, keine hohen Ansprüche an die Pflege hat und sich auch selbst aussät.

4 Alpen-Milchlattich

> himmelblaue Blüten
> enthält viel Milchsaft
> schließt Blüten bei Regen

Cicerbita alpina

Merkmale Korbblütlergewächse *(Asteraceae)*. 0,5–2 m hoch, zahlreiche himmelblaue bis hellviolette, etwa 2 cm große Blüten in einer Traube am Ende des dicht behaarten Stängels. Blätter groß, bis 25 cm lang und 12 cm breit, am Rand sehr unregelmäßig gesägt und mit großem, dreieckigem Endabschnitt. Blütezeit Juli bis September. **Vorkommen** Auf Lehmböden in Bergwäldern in 1000–2000 m Höhe, häufig. **Wissenswertes** Die Pflanze, insbesondere der hohle Stängel, enthält reichlich Milchsaft (Name!). Bei Schlechtwetter schließen sich die Blütenköpfe.

1

2

3

4

1 Weißer Germer

> hochgiftig!
> fleischiger Wurzelstock
> wird von Weidevieh verschmäht

Veratrum album

Merkmale Germergewächse *(Melanthiaceae)*. 0,5–1,8 m hohe ausdauernde Staude. Stängel aufrecht, unverzweigt. Zahlreiche weißlich-grünliche Blüten in endständiger Rispe. Blätter wechselständig, die unteren bis 20 cm lang. Blütezeit Juni bis September. **Vorkommen** Verbreitet auf feuchten, kalkhaltigen Wiesen und Weiden bis in 2700 m Höhe. **Wissenswertes** Die Blütenblätter des selteneren Schwarzen Germer *(V. nigrum)* sind dunkel rötlich-braun. Beide Arten sind sehr giftig! Im nicht blühenden Zustand ähnlich dem Gelben Enzian (S. 76), dieser hat jedoch gegenständige Stängelblätter.

2 Türkenbund-Lilie

> turbanförmige Blüten
> geschützte Art
> goldfarbene Zwiebel

Lilium martagon

Merkmale Liliengewächse *(Liliaceae)*. 30–70 cm, selten bis 120 cm hoch. Drei bis zehn rosa, rote oder violette, dunkel gefleckte Blüten in lockerer, endständiger Traube, durch zurückgebogene Blütenblätter turbanförmig. Auffällig orangegelbe Staubbeutel. Blütezeit Juni bis August. **Vorkommen** In Wäldern, Gebüschen und auf Bergwiesen bis etwa 2000 m Höhe, kalkliebend. **Wissenswertes** Die Blüten duften insbesondere nachts und werden hauptsächlich von langrüsseligen Nachtfaltern bestäubt.

3 Hundszahn, Zahnlilie

> Frühblüher
> nur zwei Blätter
> in den Südalpen

Erythronium dens-canis

Merkmale Liliengewächse *(Liliaceae)*. 10–35 cm hohe Zwiebelpflanze. Einzelne, 3–5 cm große, nickende, rosafarbene Blüte an aufrechtem Stängel. Blütenblätter weit nach hinten gebogen. 2 bräunlich-rot gefleckte Blätter an der Stängelbasis. Blütezeit Februar bis Mai. **Vorkommen** Wärmeliebende Art, besiedelt steinige, nährstoffreiche Böden in Gebüschen, lichten Wäldern und auf Bergwiesen bis etwa 2000 m Höhe. **Wissenswertes** Der Name dieser Art rührt vermutlich von der länglichen Zwiebel her, die von kleineren Nebenzwiebeln umgeben ist und wie ein Hundereißzahn aussieht.

4 Alpen-Krokus, Frühlingskrokus

> Frühjahrsblüher
> Krokus der Bergwiesen
> in Gärten und Parks gepflanzt

Crocus albiflorus

Merkmale Schwertliliengewächse *(Iridaceae)*. 10–15 cm hoch mit je einer weißen oder violetten Blüte am Stängelende. Blätter grasartig, grün mit weißem Mittelstreifen. Blütezeit Februar bis April. **Vorkommen** Braucht feuchte, lehmige Böden. Wild nur auf Bergwiesen der Alpen und Voralpen bis etwa 2500 m Höhe. Vielfach angepflanzt und aus Gärten und Parks verwildert. **Wissenswertes** Krokusse blühen nicht selten schon zwischen Schneeresten. Die Blüten sind nur bei vollem Sonnenschein geöffnet.

1a
1b
2
3
4

1 Kugelknabenkraut, Kugelorchis

Traunsteinera globosa

> seltene, geschützte Art
> duftet nach Baldrian
> kugelförmiger Blütenstand

Merkmale Orchideengewächse *(Orchidaceae)*. 20–60 cm hoher, schlanker, aufrechter Stängel. Zahlreiche Blüten dicht gedrängt in kugel- bis kegelförmigem Blütenstand. Einzelblüte rosa mit dreilappiger, nach unten gerichteter, dunkel gepunkteter Lippe. Vier bis sechs längliche Laubblätter, die unteren bis 13 cm lang, nach oben hin kürzer werdend. Blütezeit Mai bis August. **Vorkommen** Kalkliebende Art auf Bergwiesen und Magerrasen bis auf 3 000 m Höhe. **Wissenswertes** Die Orchidee wird hauptsächlich von Schmetterlingen bestäubt.

2 Schwarzes Kohlröschen

Nigritella nigra

> riecht intensiv nach Vanille
> kugelförmiger Blütenstand
> schwärzlich rote Blüten

Merkmale Orchideengewächse *(Orchidaceae)*. 5–30 cm hoch. Bis zu 50 Blüten in dichtem, kugel- oder eiförmigem Blütenstand. Einzelblüte mit sternförmig abstehenden Blütenhüllblättern und spitz-dreieckiger, aufwärts gebogener Lippe, tief dunkelrot, vereinzelt auch rosa oder gelbliche Exemplare. Zahlreiche, grasartige Laubblätter. Blütezeit Mai bis August. **Vorkommen** Auf sonnigen Trockenrasen und Bergwiesen in 1 500–2 700 m Höhe. **Wissenswertes** Helle Exemplare können mit dem selteneren Roten Kohlröschen *(N. rubra)* verwechselt werden, dessen Blütenstand im Umriss länglicher ist.

3 Wohlriechende Händelwurz

Gymnadenia odoratissima

> angenehm nach Vanille duftend
> grasartige Grundblätter
> wird von Schmetterlingen bestäubt

Merkmale Orchideengewächse *(Orchidaceae)*. 10–30, nur selten bis 50 cm hoch. 10–30 hell bis kräftig rosafarbene Blüten in relativ lockerer Ähre. 4–6 mm langer, schwach gebogener Sporn. Grasartige Grundblätter bis 10 cm lang und 3–7 mm breit. Blütezeit Mai bis August. **Vorkommen** Auf feuchten, kalkhaltigen Böden in lichten Kiefernwäldern, auf Wiesen und in Flachmooren bis in 2 500 m Höhe. **Wissenswertes** Die Mücken-Händelwurz *(G. conopsea)* wird bis 70 cm hoch, ihr Sporn ist 10–20 mm lang, die Laubblätter bis 20 cm lang und 4 cm breit.

4 Holunder-Knabenkraut

Dactylorhiza sambucina

> gelb und rot blühende Pflanzen
> duftet schwach nach Holunder
> gesellig auftretende Art

Merkmale Orchideengewächse *(Orchidaceae)*. 10–30 cm hohe, kräftige Pflanze. Bis zu 30 Blüten in relativ dichter, etwa 15 cm langer Ähre. Pflanzen mit gelben und mit roten Blüten meist nebeneinander am gleichen Standort. Drei innere Blütenhüllblätter helmförmig zusammengeneigt. 10–15 mm langer, abwärts gebogener Sporn. Bis 10 cm lange, ungefleckte Blätter. Blütezeit März bis Juli. **Vorkommen** Wärmeliebende Art auf Wiesen und in lichten Wäldern bis auf 2 100 m Höhe. **Wissenswertes** Bestäubung insbesondere durch Bienen und Hummeln.

1

2

3

4

1 Landkartenflechte

> Landkartenmuster
> überzieht Felsblöcke
> bis in höchste Lagen

Rhizocarpon geographicum

Merkmale Gelbliche Krustenflechte, die mancherorts große Teile von Steinen überzieht. Fruchtkörper bilden schwarze Linien zwischen den gelben Krusten, so dass Felder entstehen, die an das Muster von Landkarten erinnern. **Vorkommen** Auf Silikatfelsblöcken (Granit, Gneiss) an licht- und regenreichen Standorten bis weit über 4 000 m Höhe. **Wissenswertes** Flechten sind eine Symbiose (Lebensgemeinschaft mit beiderseitigem Nutzen) zwischen Algen und Pilzen. Der Pilz profitiert von den durch die Alge produzierten Kohlenhydraten, die im Gegenzug durch den umhüllenden Pilz Schutz vor Hitze und Trockenheit erhält. Durch dieses Zusammenwirken können selbst unwirtliche Lebensräume besiedelt werden, in denen die Partner einzeln nicht existieren könnten.

2 Isländisches Moos

> Heilpflanze
> Unterseite weiß gefleckt
> wächst auf Erdboden

Cetraria islandica

Merkmale Bis 10 cm hohe, strauchförmige Flechte mit breiten bräunlichen oder olivgrünen Lappen, am Rand gezähnt, auf der Unterseite meist weiß gefleckt. Bildet mitunter flächendeckende Rasen aus. **Vorkommen** In Heide- und Moorgebieten und lichten Nadelwäldern vom Tiefland bis weit über die Baumgrenze. **Wissenswertes** Inhaltsstoffe werden in der Pflanzenheilkunde in schleimlösenden und reizlindernden Hustentees eingesetzt.

3 Alpen-Rentierflechte

> bäumchenförmig
> häufig für Friedhofskränze verwendet
> trittempfindlich

Cladonia stellaris

Merkmale 5–10 cm hohe, bäumchenförmige, gleichmäßig in alle Richtungen verzweigte Strauchflechte. Bildet dichte Polster. **Vorkommen** In Mitteleuropa in hochmontanen und alpinen, niederschlagsreichen Lagen mit nährstoffarmen Böden. **Wissenswertes** In der Tundra und den Nadelwäldern Skandinaviens häufig und mitunter bestandsbildend. Von dort eingeführte Pflanzen werden wirtschaftlich genutzt und im Modell-Eisenbahnbau und bei der Grabpflege als Dekoration verwendet.

4 Bartflechte, Baumbart

> bildet lange Bärte
> Zeigerart für gute Luft
> mit weißem Zentralstrang

Usnea spec.

Merkmale Die fadenförmigen Flechtenabschnitte hängen bartförmig bis zu 50 cm lang an Ästen, Stämmen oder Gestein. Grünlich gelb bis gräulich. Beim vorsichtigen Zerreißen eines Fadens wird ein weißer Markstrang sichtbar. **Vorkommen** In niederschlags- bzw. nebelreichen Bergwäldern, insbesondere auf Nadelbäumen. **Wissenswertes** Etliche einander sehr ähnliche Arten. Bartflechten gelten als besonders empfindlich gegen Luftverschmutzungen, daher ist ihr Vorkommen ein Zeichen für gute Luft. Intensive Forstwirtschaft hat mancherorts zum Rückgang geführt.

1

2

3

4

Register

Literatur

Ein Buch im vorliegenden Umfang über die Tier- und Pflanzenwelt eines so artenreichen Lebensraums, wie es die Berge darstellen, muss zwangsläufig unvollständig sein und den Schwerpunkt auf häufige oder auffällige Bewohner legen.
Im KOSMOS-Verlag sind einige weiterführende Bücher über den Lebensraum Alpen sowie verschiedene Tier- und Pflanzengruppen erschienen. Die folgenden sind besonders zu empfehlen:

Aichele, Schwegler:
Die Blütenpflanzen Mitteleuropas, 2004.
Ein fünfbändiges großformatiges Standardwerk, in dem alle natürlich in Mitteleuropa vorkommenden Blütenpflanzen mit herausragenden Zeichnungen von Marianne Golte-Bechtle zu finden sind. Für alle Freunde unserer Blütenpflanzen ein riesiger Fundus an Wissen und ein ästhetischer Genuss.

Aichele, Schwegler:
Blumen der Alpen, 2006.
Durch die Einteilung nach Blütenfarbe und -form sowie die prägnanten Texte und Symbole lassen sich über 500 Arten rasch bestimmen. Aufgrund des handlichen Formats und geringen Gewichts lässt sich der Naturführer auch gut auf längere Wanderungen mitnehmen.

Bellmann, Heiko:
Der neue Kosmos-Insektenführer, 1999.
Insekten sind die bei Weitem artenreichste Tierklasse. Dieser Naturführer hilft, einen umfassenden Einblick in diese vielfältige Tiergruppe zu bekommen. Es werden fast 1 000 Insektenarten in brillanten, naturgetreuen Farbfotos gezeigt und in spannenden Texten beschrieben.

Bellmann, Heiko:
Der neue Kosmos-Schmetterlingsführer, 2003.
Dieser Fotoführer vereint Falter, Raupen und Futterpflanzen in einem Band. Über 300 Schmetterlinge werden als Männchen und Weibchen, von Ober- und Unterseite sowie als Eier, Raupen und Larven im Foto gezeigt und in ausführlichen Texten beschrieben sowie fast 200 Futterpflanzen vorgestellt.

Duda, Rejl:
Der Kosmos-Mineralienführer Mineralien – Gesteine – Edelsteine, 2003.
Dieser Mineralienführer zeigt die Vielfalt der Formen und Farben von über 400 der wichtigsten Mineralien, Gesteine und Edelsteine in 500 Farbfotos, 230 Kristallzeichnungen und detaillierten Einzelbeschreibungen. Alles Wissenswerte zu physikalischen und chemischen Eigenschaften, Zusammensetzung, Verwechslungsmöglichkeiten, Entstehung, Verwendung sowie detaillierte Angaben zum weltweiten Vorkommen.

Hochleitner, Rupert:
Welcher Stein ist das?, 2005.
Dieser Naturführer beschreibt umfassend die 200 wichtigsten Gesteine, Edelsteine und Mineralien. Brillante Farbfotos und präzise Informationen zu physikalischen und chemischen Eigenschaften machen dieses Buch zum idealen Begleiter für Einsteiger.

Kremer, Bruno P.:
Was blüht in den Alpen?, 2001.
In diesem hervorragenden Naturführer werden über 600 Alpenpflanzen – Wildblumen, Gräser und Gehölze – beschrieben und in naturgetreuen Zeichnungen abgebildet. Die bewährte Einteilung nach Blütenfarbe und -form sowie Symbole für die Höhenverteilung und das Verbreitungsgebiet erleichtern die Bestimmung.

Weitere Naturführer für den Bergfreund:

Buttler, Karl Peter: *Steinbachs Naturführer Orchideen*. Mosaik-Verlag 1996.

Heß, Dieter: *Alpenblumen Erkennen – Verstehen – Schützen*. Eugen Ulmer-Verlag 2001.

Finkenzeller, Grau: *Steinbachs Naturführer Alpenblumen*. Eugen Ulmer Verlag 2003.

Marbach, Kainz: *Moose, Farne und Flechten*. BLV 2002.

Impressum

Bildnachweis:
Mit 183 Farbfotos, alle Aufnahmen von **Frank Hecker**, außer: **Albers** 67 m.l., 69 m.; **Bethge** 27 o.; **Danegger** 13 m; **Hochleitner** 96, U3; **Hortig** 17 u. r., 25 m.l.; **Hüttenmoser** 27 m.r.; **Laux** 51 m.l., 51 m. r., 51 u.l., 51 u.r., 55 o.l., 57 m.l., 61 m.r., 63 o., 65 o.r., 77 o.l, 81 o., 81 m., 81 u. 83 u.r.; **Limbrunner** 8/9, 15 u.r., 17 u.l., 21 o., 21m.l., 21 m.r., 21 u.l., 23 o.l., 25 o., 25 u.r., 27 u.r., 29 u., 31 u.r., 33 m.l., 33 m.r.; **Mertz** 65 u., 83 o.; **Mestel/ Hecker** 11 m.r., 11 u.r., 15 o., 17 m. l., 23.m.l., 23 m.r., 23 u.l., 23 u.r., 25 m.r.; **Schwammberger** 19 u.l.; **Vogel** 19 o.; **Zeininger** 33 o.
Grafik auf Seite 4 von Johannes-Christian Rost.
7 Farbsymbole von Wolfgang Lang.

Die Texte zu den Mineralien und Gesteinen (S. 96, 97) stammen von **Rupert Hochleitner**.

Umschlaggestaltung von eStudio Calamar, unter Verwendung von vier Bildern von Frank Hecker (2 Bergkulissen, Alpen-Steinbock und Keulen-Enzian)

Bibliografische Information Der Deutschen Nationalibliothek

Die Deutsche Nationalbibliothek verzeichnet diese Publikation in der Deutschen Nationalbibliografie; detaillierte bibliografische Daten sind im Internet über http:\\dnb.ddb.de abrufbar.

Gedruckt auf chlorfrei gebleichtem Papier

ISBN 978-3-440-10810-9
Projektleitung: Dr. Stefan Raps
Lektorat: Alke Rockmann
Produktion: Siegfried Fischer
Grundlayout: eStudio Calamar
Printed in Italy / Imprimé en Italie

Mineralien der Alpen

Aktinolith

Das Calcium-Magnesium-Eisensilikat ist ein typisches Mineral der metamorphen Gesteine der Alpen. Es bildet langgestreckte grünliche Kristalle, die oft zu strahligen Aggregaten verwachsen sind. Dieser Ausbildung verdankt das Mineral den deutschen Namen Strahlstein.

Hämatit

Kristalle des Eisenoxids Hämatit sind für die Alpen typisch. Besonders reizvoll sind sie, wenn die dünntafeligen Kristalle zu rosenartigen Aggregaten, den sogenannten „Eisenrosen“, verwachsen sind. Häufige Begleitmineralien sind Rutil, Anatas und Brookit.

Magnetit

Das Eisenoxid Magnetit bildet schwarze Oktaeder. Kommt oft zusammen mit Anatas vor. Das bis zu einigen Zentimetern große Mineral kann auch in grünlichem Chloritschiefer eingewachsen sein. Durch seine starke magnetische Wirkung ist Magnetit leicht zu identifizieren.

Titanit

Das Calcium-Titan-Silikat wird in den Alpen häufig in schönen Kristallen gefunden. Die gelben bis braunen Kristalle können eine Größe von mehr als 10 cm erreichen. Wegen seiner oft keilförmigen Ausbildung wird das Mineral auch Sphen (vom griechischen Wort für Keil) genannt.

Brookit

Das Titanoxid Brookit hat die gleiche chemische Zusammensetzung wie der Anatas. Es bildet aber im Gegensatz zu diesem dünne, längsgestreifte braune Täfelchen aus. Darin ist häufig eine charakteristische schwarze Zeichnung erkennbar, die an eine Sanduhr erinnert.

Anatas

Das Titanoxid Anatas bildet dick- bis sehr dünntafelige Kristalle. Diese haben die Form von zwei an der Basis miteinander verbundenen Pyramiden. Das Farbspektrum dieses Minerals reicht von schwarz über dunkelbraun, hellbraun, gelb, blau und rot bis hin zu farblosen Ausbildungen.